就业技能培训教材

羊的饲养技术

主　编　娜日苏
副主编　徐桂杰　刘斌忠

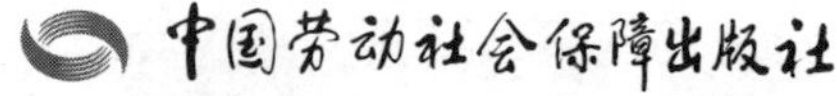
中国劳动社会保障出版社

图书在版编目(CIP)数据

羊的饲养技术 / 娜日苏主编；徐桂杰，刘斌忠副主编. --北京：中国劳动社会保障出版社，2024

就业技能培训教材

ISBN 978-7-5167-6242-4

Ⅰ. ①羊… Ⅱ. ①娜…②徐…③刘… Ⅲ. ①羊-饲养管理-技术培训-教材 Ⅳ. ①S826

中国国家版本馆 CIP 数据核字(2024)第 003078 号

中国劳动社会保障出版社出版发行

(北京市惠新东街 1 号 邮政编码：100029)

*

保定市中画美凯印刷有限公司印刷装订 新华书店经销

880 毫米×1230 毫米 32 开本 6.875 印张 158 千字

2024 年 1 月第 1 版 2024 年 1 月第 1 次印刷

定价：18.00 元

营销中心电话：400-606-6496

出版社网址：http://www.class.com.cn

前　言

《国务院关于推行终身职业技能培训制度的意见》(国发〔2018〕11号）提出，要围绕就业创业重点群体，广泛开展就业技能培训。为促进就业技能培训规范化发展，提升培训的针对性和有效性，我们对原职业技能短期培训教材进行了优化升级，组织编写了就业技能培训系列教材。本套教材以相应职业（工种）的国家职业标准和岗位要求为依据，力求体现以下特点：

全。教材覆盖各类就业技能培训，涉及职业素质类，农业技能类，生产、运输业技能类，服务业技能类，其他技能类五大类。

精。教材中只讲述必要的知识和技能，强调实用和够用，将最有效的就业技能传授给受训者。

易。内容通俗易懂，图文并茂，易于学习。

本套教材适合于各类就业技能培训。欢迎各单位和读者对教材中存在的不足之处提出宝贵意见和建议。

前 言

内容简介

随着人们对羊肉、羊奶等需求量的不断增长，养羊业的发展也日益壮大，而且潜力巨大。养羊有周期短、经济效益高的优势，故羊只的科学饲养管理与疾病防治逐渐得到养殖人员的密切关注和高度重视。本书主要包括岗位认知、羊的品种识别、体尺测量和外貌鉴定、羊的饲养管理、羊的繁殖技术、饲料加工调制、疾病防治等方面的内容。

本书集科学性、综合性和实用性于一体，既可以作为就业技能培训教材，也可以作为农业院校师生的教学参考书，还可以作为基层从事养羊业的畜牧兽医专业技术人员、广大农牧民自学使用书。

本书由娜日苏任主编，徐桂杰、刘斌忠任副主编，何雯娟、萨如拉、乌仁达来、白金山、乌云斯钦、敖道胡、贺雪英、巴音那木拉参编，白斯古楞、田蕾审稿。本书在编写过程中得到内蒙古锡林郭勒职业学院等的大力支持，在此表示衷心的感谢。

内容简介

目　录

第1单元 岗位认知

模块1 养羊工职业道德和岗位职责

一、职业道德

1. 爱岗敬业，忠于职守，熟练掌握职业技能，自觉履行岗位职责，注重工作效率，积极为羊场做贡献。

2. 诚实守信，办事公道，杜绝出于任何目的的欺骗、作假行为。

3. 遵纪守法，遵守羊场的规章制度，不做损害国家、企业、个人利益的人和事。

4. 工作积极、主动，弘扬公德美德，团结协作，顾全大局。

5. 艰苦奋斗，增收节支，爱护公物，讲究卫生。

二、养羊工（饲养员）岗位职责

1. 认真学习养羊理论知识和基本饲养技术，不断提高饲养技能。服从调遣和技术员的管理安排，遵守羊场各项管理制度。

2. 提前做好工作计划，有条不紊地开展每天、每周等每个周期的工作，保证工作的质和量。

3. 搞好清洁卫生。每天认真打扫羊舍，保证羊舍、器具、水槽、食槽的清洁卫生。做好羊舍内外的消毒工作，按要求做好记录。

4. 按要求做好羊群管理，仔细观察，巡舍发现病羊及其他异常应及时处理并上报。

5. 在日常工作中确保安全生产，避免人或羊的伤亡。

6. 按计划和配方备足饲料，不得出现饲料短缺的情况，以免影响饲喂标准和效果，如发现发霉变质饲料必须及时上报。

7. 严格执行日常饲喂和管理规程，投料标准严格按照计划执行，减少浪费。

8. 协助羊场兽医做好消毒、免疫、驱虫等工作。

9. 妥善保管、正确使用设施设备，有损坏及时维修或报修。节约水电，做好交接班工作。

10. 认真填写报表，积累各项指标数据。

模块 2　养羊工基本素质要求

养羊是一项技术性很强的生产劳动。随着养羊业集约化和现代化程度的提高，养羊专业化水平和技术要求也不断提升，对养羊工的要求也越来越高。

一、身体素质

1. 具备饲养管理各类羊群的良好身体素质。
2. 无人畜共患疾病。
3. 能适应羊场工作，具备协同合作的能力。

二、道德素养

1. 遵纪守法，不谋私利，遵守技术操作规范。
2. 爱岗敬业，遵守职业道德，履行岗位职责。
3. 工作积极，热情主动，团结协作，全心全意为羊场服务。

三、业务素质

1. 具有一定的文化修养，能够通过培训掌握羊的繁殖、饲养、疾病防治等基本技能。

2. 具备一定的羊群饲养管理知识。

3. 具备一定的羊群饲养管理技能。

4. 具备良好的行业行为素质

（1）进场时必须穿戴专用工作服；专用工作服要经常清洗消毒；接触病羊后应更换工作服。

（2）注重个人卫生，防止病原体在身上藏匿或成为病原体传播媒介。工作时，不吸烟、不进食，防止病从口入。

（3）在工作中严格按技术规范要求操作，一旦发生伤亡或患病事件，要及时处理并上报。

（4）全面做好防疫工作，包括做好个人防护。

（5）每年定期进行体检，尤其需要注意对人畜共患疾病的检查，防止交叉感染。

第2单元

羊的品种识别

模块1　我国主要绵羊、山羊品种

一、绵羊、山羊分类

1. 绵羊分类

目前，我国普遍采用根据绵羊生产方向进行分类的方法，即把同一生产方向的绵羊品种加以概括，以便说明、选择和利用。但这一方法也有缺点，就是对于多种用途的绵羊，如毛肉乳兼用的绵羊，由于使用重点不同，归类有可能不同。根据此分类方法，绵羊主要分为以下七类：

（1）细毛羊

1）毛用细毛羊，如澳洲美利奴羊等。

2）毛肉兼用细毛羊，如新疆细毛羊、高加索羊等。

3）肉毛兼用细毛羊，如德国美利奴羊等。

（2）半细毛羊

1）毛肉兼用半细毛羊，如茨盖羊等。

2）肉毛兼用半细毛羊，如边区莱斯特羊、考力代羊等。

（3）粗毛羊，如西藏羊、蒙古羊、哈萨克羊等。

（4）肉脂兼用羊，如阿勒泰羊、吉萨尔羊等。

（5）裘皮羊，如滩羊、罗曼诺夫羊等。

（6）羔皮羊，如湖羊、卡拉库尔羊等。

（7）乳用羊，如东佛里生羊等。

2. 山羊分类

山羊按生产方向不同通常分为以下六类：

（1）绒用山羊

绒用山羊的主要产品是山羊绒，主要品种包括辽宁绒山羊、内蒙古白绒山羊、河西绒山羊等。

（2）皮用山羊

中卫山羊是我国特有的一种裘皮山羊品种。羔皮山羊品种还包括济宁青山羊、埃塞俄比亚羔皮山羊等。

（3）肉用山羊

目前世界上最著名的肉用山羊品种是波尔山羊，其他主要品种有马头山羊、雷州山羊、成都麻羊、隆林山羊等。

（4）毛用山羊

毛用山羊的主要产品是山羊毛。毛用山羊主要品种包括安哥拉山羊、苏联毛用山羊和土耳其黑色毛用山羊等。

（5）奶用山羊

奶用山羊主要品种有萨能奶山羊、吐根堡奶山羊、关中奶山羊和崂山奶山羊等。

（6）普通山羊

普通山羊主要指能够生产多种产品，生产性能不突出的山羊，如蒙古山羊、西藏山羊、新疆山羊等。

二、我国主要绵羊品种

1. 中国美利奴羊

中国美利奴羊（见图 2-1、图 2-2）是内蒙古、新疆、吉林等省区在统一的育种目标和方案下育成的品种。

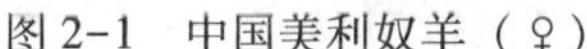

图 2-1　中国美利奴羊（♀）

图 2-2　中国美利奴羊（♂）

（1）育成史

中国美利奴羊的育种工作始于 1972 年，是以澳洲美利奴公羊为父系，波尔华斯羊、新疆细毛羊和军垦细毛羊为母系，采用复杂育成杂交方法，实行外貌综合鉴定，并结合按净毛量选种育成的。

（2）外貌特征

体质结实，体形呈长方形。公羊有螺旋形角，母羊无角，公羊颈部有 1~2 个横皱褶或发达的纵皱褶。鬐甲宽平，胸宽深，背长直，尻宽而平，后躯丰满，肷部皮肤宽松，四肢结实，肢势端正。毛被呈毛丛结构，闭合性良好，密度大，全身被毛有明显大、中弯曲。头毛密长，着生至眼线，毛被前肢着生全腕关节，后肢至飞节，腹部毛着生良好，呈毛丛结构。

（3）生产性能

中国美利奴羊，成年公羊平均体重为 91. 8 kg，成年母羊平均体重为 43. 1 kg。根据对各场羊只主要经济性状的分析，其遗传力都在中等以上，主要经济性状的遗传变异基本处于稳定状态，个体表型选择获得良好效果，适合在干旱草原地区饲养。

近年来，根据各地引用中国美利奴羊与细毛羊进行大量杂交试验证明，各生产性能均有所提高。毛长提高 1. 0 cm，净毛量提高 300~500 g，净毛率提高 5%~7%，大弯曲和白油汗比例在 80%以上，羊毛品质显著改善。由于净毛量的增加和羊毛等级的提高，经济效益也显著提高。

2. 蒙古羊

(1) 分布地区

蒙古羊（见图2-3、图2-4）原产于蒙古高原，是一个十分古老的地方品种，也是在我国分布最广的一个绵羊品种，除主要分布在内蒙古外，东北、华北、西北等地区均有分布。

图2-3 蒙古羊（♀）

图2-4 蒙古羊（♂）

(2) 外貌特征

体质结实，骨骼健壮，头形略显狭长，鼻梁隆起，耳大下垂。公羊多有角，为螺旋形，角尖向外伸，母羊多无角或有小角。颈长短适中，胸深，肋骨不够开张。背腰平直，体躯稍长，四肢细长而强健。短脂尾，尾长一般大于尾宽，尾尖卷曲呈“S”形。体躯毛被多为白色，头、颈与四肢多有黑色或褐色斑块。

(3) 生产性能

蒙古羊被毛属异质毛，一年春秋共剪两次毛，成年公羊剪毛量为1.5~2.2 kg，成年母羊剪毛量为1~1.8 kg。春毛毛丛长度为6.5~7.5 cm。各类型毛纤维重量比，在不同地区的差异较大，无髓毛和两型毛的重量比从东北向西南逐渐递增，而干死毛的重量比则相反。

3. 乌珠穆沁羊

(1) 分布地区

乌珠穆沁羊（见图2-5、图2-6）产于内蒙古锡林郭勒盟东北部乌珠穆沁草原，主要分布在东乌珠穆沁旗和西乌珠穆沁旗，以及毗邻的阿巴嘎旗部分地区。

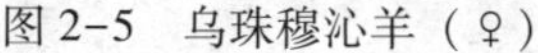

图 2-5　乌珠穆沁羊（♀）

图 2-6　乌珠穆沁羊（♂）

产区处于蒙古高原东南部，海拔 800~1 200 m。气候寒冷，年平均气温 0~1.4 ℃，1 月平均气温-24 ℃，最低温度可达-40 ℃，7 月平均气温 20 ℃，最高温度可达 39 ℃。年降雨量为 250~300 mm，无霜期为 90~120 天。草原类型包括森林草原、典型草原、干旱草原，牧草以菊科和禾本科为主，羊群终年放牧。

（2）外貌特征

乌珠穆沁羊体质结实，体格高大，体躯长，背腰宽平，肌肉丰满。公羊多数有角，呈螺旋形，母羊多数无角。耳大下垂，鼻梁隆起。胸宽深，肋骨开张良好，后躯发育良好，肉用羊体形明显。尾巴大，尾中部有一纵沟将尾分成左右两半。被毛全身白色者较少，约为 10%，体躯花色者约占 1%，体躯白色、头颈黑色者占 62% 左右。

（3）生产性能

乌珠穆沁成年公母羊年平均剪毛量为 1.9 kg 和 1.4 kg，周岁公母羊为 1.4 kg 和 1 kg，为异质毛，各类型毛纤维重量比为：成年公羊绒毛占 52.98%，粗毛占 1.72%，干毛占 27.9%，死毛占 17.4%；成年母羊绒毛占 31.6%，粗毛占 12.5%，干毛占 26.4%，死毛占 29.5%。净毛率 72.3%，产羔率 100.69%。

乌珠穆沁羊生长发育较快，早熟，肉用性能好。6~7 月龄的公母羊体重可达 39.6 kg 和 35.9 kg。成年公羊体重为 74.43 kg，成年母羊体重为 58.4 kg，屠宰率 50%~51.4%。

4. 西藏羊

西藏羊（见图 2-7、图 2-8）又称藏羊、藏系羊，是我国三大粗毛绵羊品种之一。西藏羊主产于西藏和青海，四川、甘肃、云南和贵州等省区也有分布。

图 2-7　西藏羊（♀）

图 2-8　西藏羊（♂）

藏羊分布面积广，由于各地海拔、水热条件差异大，在长期的自然和人工选择下，形成了一些各具特点的自然类群，主要有高原型（草地型）和山谷型两大类型。不同地区根据本地特点的不同，又将藏羊分列出一些中间或独具特点的类型。如西藏将藏羊分为雅鲁藏布型藏羊、三江型藏羊；青海分出欧拉型藏羊；甘肃将草地型藏羊分成甘加型、欧拉型和乔科型三种类型；云南分出腾冲型藏羊；四川分出山地型藏羊等。

（1）高原型（草地型）藏羊

1）分布地区。这一类型的藏羊是藏羊的主体，其数量最多。西藏境内主要分布于冈底斯山、念青唐古拉山以北的藏北高原和雅鲁藏布江地带；青海境内主要分布在海北、海南、海西、黄南、玉树、果洛六州的广阔高寒牧区；甘肃境内 80%的羊分布在甘南藏族自治州的各县；四川境内主要分布在甘孜藏族自治州、阿坝藏族羌族自治州北部牧区。

产区海拔 2 500~5 000 m，多数地区年平均气温-1.9~6 ℃，年降雨量 300~800 mm，相对湿度 40%~70%。草场类型有高原草原草场、高原荒漠草场、亚高山草甸草场、半干旱草场等。

2）外貌特征。高原型藏羊体质结实，体格高大，四肢较长，体躯近似方形。公母羊均有角，公羊角长而粗壮，呈螺旋形向左右平伸，母羊角细而短，多数呈螺旋形向外上方斜伸。鼻梁隆起，耳大。前胸开阔，背腰平直，十字部稍高，紧贴臀部有扁锥形小尾。体躯被毛以白色为主，被毛异质，毛纤维长。两型毛含量高，光泽和弹性好，强度大。两型毛和有髓毛较粗，绒毛比例适中，由其织成的产品有良好的回弹力和耐磨性，是织造地毯、提花毛毯等的上等原料。此类型藏羊所产羊毛，即为著名的“西宁毛”。

3）生产性能。高原型藏羊成年公母羊体重约为 51 kg 和 43.6 kg，公母羊剪毛量为 1.4~1.72 kg 和 0.84~1.2 kg，净毛率 70%左右。各类型毛纤维的组成，按重量比计，无髓毛占 53.59%，两型毛占 30.57%，有髓毛占 15.03%，干死毛占 0.81%。无髓毛羊毛细度为 20~22 μm，两型毛细度为 40~45 μm，有髓毛细度为 70~90 μm，体侧毛辫长度为 20~30 cm。高原型藏羊繁殖力不强，母羊每年产羔一次，每次产羔一只，双羔率极低。屠宰率为 43%~47.5%。藏羊的小羔皮、二毛皮和大毛皮为制裘的良好原料。

（2）山谷型藏羊

1）分布地区。山谷型藏羊主要分布于青海南部班玛、昂欠两县的部分地区，四川阿坝南部牧区，以及云南的昭通、曲靖、丽江及腾冲等。

产区海拔 1 800~4 000 m，主要处于高山峡谷地带，气候垂直变化明显。年降雨量为 500~800 mm。草场以草甸草场和灌丛草场为主。

2）外貌特征。山谷型藏羊体格较小，结构紧凑，体躯呈圆桶状，颈稍长，背腰平直。头呈三角形，公羊多有角，短小，向后上方弯曲，母羊多无角。四肢矫健有力，善爬山，适合远牧。

3）生产性能。被毛主要有白色、黑色和花色，多呈毛丛结构，被毛中普遍有干死毛，毛质较差。剪毛量一般为 0.8～1.5 kg。成年公羊体重为 40.65 kg，成年母羊体重为 31.66 kg。屠宰率为 48%左右。

（3）欧拉型藏羊

1）分布地区。欧拉型藏羊是藏系绵羊的一种特殊生态类型，主产于甘肃的玛曲县及毗邻地区，在青海的河南县和久治县也有分布。

2）外貌特征。欧拉型藏羊的外貌特征与草地型藏羊类似，体形高大、粗壮，头稍狭长，多数具肉髯。公羊前胸着生黄褐色毛，而母羊则不明显。被毛短，死毛含量很高，头、颈、四肢多有黄褐色花斑，全白色羊极少。

3）生产性能。成年公羊体重为 75.85 kg，剪毛量为 1.08 kg，成年母羊体重为 58.51 kg，剪毛量为 0.77 kg。欧拉型藏羊产肉性能较好，成年羊宰前活重为 76.55 kg，胴体重为 35.18 kg，屠宰率为 50.18%。

藏羊对高寒地区的恶劣气候环境以及粗放的饲养管理条件具有良好的适应能力，是产区人民赖以为生的重要畜种之一。

5. 东北细毛羊

东北细毛羊（见图 2-9、图 2-10）是在东北三省的辽宁小东种畜场、吉林双辽种羊场、黑龙江银浪种羊场等育种基地采取联合育种而育成的，1967 年被正式命名为东北毛肉兼用细毛羊，简称东北细毛羊。

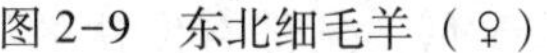

图 2-9　东北细毛羊（♀）

图 2-10　东北细毛羊（♂）

（1）育成史

1947 年后，东北各地先后建立了一批种羊场，并从部分地区的农村收集了一些兰布列羊与蒙古羊杂交的公母羊集中饲养，以开展繁育工作。当时，这些杂交羊被称为“东北改良羊”，羊毛品质差，仅有半数为同质毛，毛长只有 5.0 cm 左右，产毛量一般为 1.5~2.0 kg，体重也较低。为改进这些缺点，提高其生产性能，从 1952 年开始，各场都引用了苏联美利奴羊进行杂交。1954 年又分别引用了斯达夫洛波羊、高加索羊、新疆细毛羊和极少数的阿斯卡尼羊进行杂交改良，从而出现了不同品种的一代、二代或几个品种复杂杂交的后代。到 1958 年，产毛量比杂交初期有了很大提高，成年母羊平均可达 4.5 kg，毛长为 6.5 cm，剪毛后平均体重为 42.2 kg。但羊只体形外貌不一致，毛长度短，腹毛着生不良。与此同时，在产区的广大农村地区也引用上述品种的公羊与本地蒙古羊杂交，扩大了东北细毛羊的繁育基地。

小知识

为加速育种工作，1959 年，农业农村部组织东北三省的农业行政部门、主要育种场社和科研院校等单位成立了东北细毛羊育种委员会，制定了统一的育种规划和选育指标，开展联合育种工作，从而促进了羊只数量与质量的不断增加和提高。

1974 年以后，东北细毛羊又引入澳洲美利奴羊和当时的良种细毛羊（中国美利奴羊前身）的血统，同时改善饲养管理条件，使东北细毛羊的质量得到较大提升。

（2）外貌特征

东北细毛羊体质结实，结构匀称。公羊有螺旋形角，颈部有 1~2 个完全或 2 个不完全的横皱褶；母羊无角，颈部有发达的纵皱褶，体躯无皱褶。被毛白色，毛丛结构良好，呈闭合状。羊毛密度大，弯曲正常，油汗适中。羊毛覆盖头部至两眼连线，前肢至腕关节，后肢至飞节。

（3）生产性能

育成公母羊体重为 43.0 kg 和 37.81 kg，成年公母羊体重为 83.7 kg 和 45.4 kg。剪毛量成年公羊为 13.4 kg，成年母羊为 6.1 kg，净毛率为 35%~40%。成年公羊毛丛长度为 9.3 cm，成年母羊为 7.4 cm，羊毛细度为 60~64 支。64 支羊毛的伸度为 36.9%，60 支羊毛的伸度为 40.5%。油汗颜色：白色占 10.2%，乳白色占 23.8%，淡黄色占 55.1%，黄色占 10.9%。

成年公羊的屠宰率平均为 43.6%，净肉率为 34%，同龄成年母羊相应为 52.4%和 40.8%。初产母羊的产羔率为 111%，经产母羊产羔率为 125%。

6. 新疆细毛羊

新疆细毛羊（见图 2-11、图 2-12）是新中国成立后培育的第一个毛肉兼用细毛羊品种。

（1）育成史

1934 年用引入的高加索羊和泊列考斯细毛公羊杂交，改良当地哈萨克羊和蒙古羊，经过几代以高加索羊为主的级进杂交后，进行少量自交，再经过多年的选择和严格的自群繁育而育成，1954 年经农业农村部批准为细毛羊品种，并命名为新疆毛肉兼用细毛羊，简称新疆细毛羊。

图 2-11　新疆细毛羊（♀）

图 2-12　新疆细毛羊（♂）

（2）外貌特征

体质结实，结构匀称，体躯深长。公羊大多数有螺旋形角，母羊无角或只有小角。公羊鼻梁微有隆起，母羊鼻梁呈直线或近于直线状。公羊颈部有 1~2 个完全或不完全的横皱褶，母羊颈部有 1 个横皱褶或发达的纵皱褶。体躯无褶，皮肤宽松，胸部宽深，背宽平，腹线平直。后躯丰满，四肢粗壮，蹄质坚实。有些个体的眼圈、耳、唇部皮肤有小的色斑。被毛属同质毛，闭合性良好，呈毛丛结构。细毛着生在头部至眼线，前肢至腕关节，后肢至飞节或飞节以下，腹毛着生良好。

（3）生产性能

周岁公羊剪毛后体重为 42. 5 kg，最高为 100 kg；周岁母羊剪毛后体重为 35. 9 kg，最高为 69 kg。成年公羊剪毛后体重为 88 kg，最高为 143. 0 kg；成年母羊剪毛后体重为 48. 6 kg，最高为 94 kg。

周岁公羊剪毛量为 4. 9 kg，最高为 17. 0 kg；周岁母羊剪毛量为 4. 5 kg，最高为 12. 9 kg。成年公羊剪毛量为 11. 57 kg，最高为 21. 2 kg；成年母羊剪毛量为 5. 24 kg，最高为 12. 9 kg。净毛率为 48. 06%~51. 53%。

周岁公羊毛长为 7. 8 cm，周岁母羊毛长为 7. 7 cm；成年公羊毛长为 9. 4 cm，成年母羊毛长为 7. 2 cm。羊毛主体细度为 64 支，根据毛纺厂对几个羊场新疆细毛羊羊毛分选的结果，64~66 支的羊毛占

80%以上，66 支羊毛的平均直径为 21.0 μm，伸度为 41.6%。64 支羊毛的平均直径为 22.2 μm，伸度为 41.6%。

小知识

新疆细毛羊羊毛油汗主要为乳白色及淡黄色，含脂率为 12.57%~14.96%。经产母羊产羔率为 130%左右。2.5 岁以上的羯羊经夏季牧场放牧后的屠宰率为 49.47%~51.39%。

7. 青海细毛羊

(1) 育成史

青海细毛羊（见图 2-13、图 2-14）是自 20 世纪 50 年代开始，由位于青海刚察县境内的三角城种羊场，以新疆细毛羊、高加索羊、萨尔细毛羊为父系，西藏羊为母系，进行复杂育成杂交而成的，全名为青海毛肉兼用细毛羊，简称青海细毛羊。

图 2-13　青海细毛羊（♀）

图 2-14　青海细毛羊（♂）

(2) 生产性能

成年公羊剪毛后体重为 72.2 kg，成年母羊剪毛后体重为 43.02 kg；成年公羊剪毛量为 8.6 kg，成年母羊剪毛量为 4.96 kg，净毛率为 47.3%。成年公羊毛长为 9.62 cm，成年母羊毛长为 8.67 cm，羊毛细度为 60~64 支。产羔率为 102%~107%，屠宰率为 44.41%。

青海细毛羊体质结实，对高寒牧区有很好的适应能力，善于登山，适合远牧，耐粗放管理，在终年放牧、冬春少量补饲的情况下，具有良好的忍耐力和抗病力。

8. 阿勒泰肉用细毛羊

（1）育成史

阿勒泰肉用细毛羊（见图 2-15、图 2-16）是新疆自 1987 年开始，在原杂种细毛羊的基础上，引入国外肉用品种羊（林肯羊、德国美利奴羊）血统而选育成功的细毛羊品种。1994 年被正式命名为阿勒泰肉用细毛羊。

图 2-15　阿勒泰肉用细毛羊（♀）

图 2-16　阿勒泰肉用细毛羊（♂）

（2）外貌特征

阿勒泰肉用细毛羊体格健壮，体形大，结构匀称，胸宽深，背腰平直，体躯深长，发育良好。公母羊均无角，公羊鼻梁微微隆起，母羊鼻梁呈直线状。眼圈、耳、肩部等有小色斑，颈部皮肤宽松或有纵皱褶。四肢结实，蹄质致密坚实，尾长。

（3）生产性能

成年公羊体高为 75. 3 cm，体长为 90. 4 cm；剪毛后体重为 107. 4 kg，毛长为 9. 4 cm，净毛量为 5. 12 kg。成年母羊体高为 69. 5 cm，体长为 76. 8 cm；剪毛后体重为 55. 5 kg，毛长为 7. 3 cm，净毛量为 2. 2 kg。羊毛平均直径为 22. 74 μm，主体细度为 64 支。

阿勒泰肉用细毛羊生长发育快，公羔初生体重为 4. 86 kg，母羔初生体重为 4. 52 kg；断奶公羊体重平均为 29. 9 kg，母羊体重平均为 25. 61 kg；周岁公羊体重平均为 48. 4 kg，母羊体重平均为 34. 1 kg。舍饲 6. 5 月龄羔羊屠宰率为 52. 9%，成年羯羊屠宰率为 56. 7%。肉质好，羔羊肉质细嫩、脂肪少且均匀分布于肌肉间，使肌肉呈大理石条纹状。产羔率为 128%~152%。

9. 小尾寒羊

（1）分布地区

小尾寒羊（见图 2-17、图 2-18）主要分布于山东西南部，河南新乡、开封地区，河北南部、东部和东北部，以及安徽、江苏北部等，是我国著名的地方优良品种。

图 2-17 小尾寒羊（♀）

图 2-18 小尾寒羊（♂）

（2）外貌特征

小尾寒羊体质结实，身躯高大，四肢较长。短脂尾，尾长在飞节以上。鼻梁隆起，耳大下垂，公羊有螺旋形角，母羊有小角。公羊前胸较深，背腰平直。被毛多为白色，少数在头部及四肢有黑褐色斑块。

（3）生产性能

小尾寒羊生长发育快，3 月龄断奶时公母羔平均体重即可达到 20. 8 kg 和 17. 20 kg，周岁公母羊体重为 60. 8 kg 和 41. 3 kg，成年公母羊体重为 94. 1 kg 和 48. 7 kg。小尾寒羊产肉性能好，3 月龄羔羊屠宰率为 50. 60%，净肉率为 39. 21%，周岁公羊屠宰率和净肉率为 55. 60%和 45. 89%。公母羊年平均剪毛量为 3. 5 kg 和 2. 1 kg，净毛率为 63. 0%。

小知识

小尾寒羊全年发情，性成熟早，母羊 5~6 月龄即可发情，公羊 7~8 月龄可配种。母羊可一年产两胎或两年产三胎。每胎多产 2~3 羔，最多可产 7 羔，产羔率为 270% 左右。

10. 湖羊

（1）分布地区

湖羊（见图 2−19、图 2−20）主要分布于浙江的吴兴、桐乡、嘉兴、长兴、德清、余杭、海宁，江苏的吴江以及上海的部分郊区县。湖羊以生长发育快、成熟早、四季发情、多胎多产、羔皮花纹美观而著名，是我国特有的羔皮羊品种，也是目前世界上少有的白色羔皮羊品种。

图 2−19　湖羊（♀）

图 2−20　湖羊（♂）

（2）外貌特征

湖羊头狭长，鼻梁隆起，眼大突出，耳大下垂（部分地区湖羊耳小，甚至无突出的耳），公母羊均无角。颈细长，胸狭窄，背平直，四肢纤细。短脂尾，尾大呈扁圆形，尾尖上翘。全身白色，少数个体的眼圈及四肢有黑色、褐色斑点。

（3）生产性能

成年公羊体重为 42~50 kg，成年母羊体重为 32~45 kg。湖羊生长发育快，在较好的饲养管理条件下，6 月龄羔羊体重可达到成年羊体重的 87.0%。

小知识

湖羊毛属异质毛，成年公母羊年平均剪毛量为 1.7 kg 和 1.2 kg。净毛率为 50%左右。成年母羊的屠宰率为 54%~56%。

11. 滩羊

（1）分布地区

滩羊（见图 2-21、图 2-22）是我国独有的裘皮羊品种，主要用于生产二毛皮。滩羊主要分布于宁夏以及甘肃、内蒙古、陕西与宁夏毗邻的地区，但以宁夏境内黄河以西，贺兰山以东的平罗、贺兰和银川等地所产的二毛皮质量最好。

图 2-21　滩羊（♀）

图 2-22　滩羊（♂）

（2）外貌特征

滩羊体形中等，体质结实。公羊鼻梁隆起，有螺旋形大角向外伸展，母羊一般无角或有小角。背腰平直，体躯窄长，四肢较短。尾长下垂，尾根宽阔，尾尖细长呈“S”状弯曲或钩状弯曲，达飞节以下。被毛绝大多数为白色，头部、眼周围和两颊多有褐色、黑色、黄色斑块或斑点，两耳、嘴端、四蹄上部也有类似的色斑，纯黑、纯白者极少。

成年公羊体重为 47.0 kg，成年母羊体重为 35.0 kg。被毛异质，成年公羊剪毛量为 1.6～2.65 kg，成年母羊剪毛量为 0.7～2.0 kg，净毛率为 65%左右。成年羯羊的屠宰率为 45.0%，成年母羊的屠宰率为 40.0%。滩羊一般年产一胎，产双羔者很少，产羔率为 101.0%～103.0%。

三、我国主要山羊品种

1. 内蒙古白绒山羊

（1）产地

内蒙古白绒山羊（见图 2-23、图 2-24）主产于内蒙古西部地区，所产山羊绒纤维柔软，具有丝光亮泽、强度好、伸度大、净绒率高的特点。皮板厚而致密，富有弹性，是制革的上等原料。根据外层粗毛的长短可分为长毛型和短毛型两类。长毛型绒山羊的二毛皮具有美丽的花穗，可供制裘。

内蒙古白绒山羊抗逆性强，适合半荒漠草原和山地放牧。

图 2-23　内蒙古白绒山羊（♀）

图 2-24　内蒙古白绒山羊（♂）

（2）外貌特征

体质结实，公母羊均有角，公羊角粗大，母羊角细小，两角向上、向后、向外伸展，呈扁螺旋状倒八字形。背腰平直，体躯深而长，四肢端正，蹄质结实，尾短而上翘。被毛纯白，分内外两层，外层由光泽良好的粗毛组成，内层由纤细的绒毛组成。

（3）生产性能

成年公羊体重为 52 kg，成年母羊体重为 30~45 kg。公羊产绒量为 385 g，产毛量为 570 g；母羊产绒量为 305 g，产毛量为 270 g。内蒙古白绒山羊产肉性能较好，肉质细嫩，肌肉脂肪分布均匀，成年羯羊屠宰率为 46.9%，母羊屠宰率为 44.9%。母羊繁殖力较低，产双羔较少。

2. 辽宁绒山羊

（1）产地

辽宁绒山羊（见图 2-25、图 2-26）主产于辽东半岛，以产绒量高而著称，是我国优良的地方绒用山羊品种。

图 2-25　辽宁绒山羊（♀）

图 2-26　辽宁绒山羊（♂）

（2）外貌特征

体质结实，结构匀称。公母羊均有角，公羊角粗壮，由头顶部向两侧平直伸展，母羊角向后上方伸展。颈宽厚，颈肩结合良好，背平直，后躯发达，尾短瘦上翘。被毛全白色，外层为粗毛，具有丝质光泽，无弯曲，毛长；内层由纤细柔软的绒毛组成。

（3）生产性能

辽宁绒山羊是我国产绒量最高的一个山羊品种，产绒和产肉性能均较好。绒毛长 7 cm 左右，粗毛长 16 cm 左右。公羊产绒量为 600 g，产毛量为 700 g；母羊产绒量为 400 g，产毛量为 500 g。成年公羊体重为 50 kg，成年母羊体重为 40 kg，屠宰率为 42%。

3. 关中奶山羊

（1）育成史

关中奶山羊（见图2-27、图2-28）是我国培育的奶用山羊品种之一。自20世纪30年代起，主要用萨能奶山羊与当地山羊杂交，并引入少量吐根堡奶山羊杂交当地山羊，经长期选育而成，因主产于陕西关中地区而得名。

图2-27　关中奶山羊（♀）

图2-28　关中奶山羊（♂）

（2）外貌特征

关中奶山羊体质结实，眼大耳长，具有头长、颈长、躯干长、四肢长的“四长”特征，乳用型较明显。有的羊有角、髯。母羊胸宽，背腰平直，腹大不下垂，尾部宽长，倾斜适度，乳房大，多呈方圆形。公羊头大颈粗，胸部宽深，腹部紧凑，外形雄伟，被毛短，呈白色。部分羊耳、唇、鼻及乳房有黑斑，老龄羊更甚，四肢结实，蹄质坚实。

（3）生产性能

成年公羊体重为80~100 kg，成年母羊体重为50~55 kg，泌乳期为6~8个月，产奶量为400~700 kg，乳脂率为3.5%左右。母羊性成熟早，4~5月龄发情，发情旺季为秋季，产羔率为160%。

4. 崂山奶山羊

（1）产地

崂山奶山羊（见图2-29、图2-30）是我国培育的优良奶山羊品种之一，主产于山东的胶东半岛，是萨能奶山羊公羊与当地母羊杂交后经长期选育而成的。

图 2-29　崂山奶山羊（♀）

图 2-30　崂山奶山羊（♂）

（2）外貌特征

崂山奶山羊体质结实，结构匀称。额部较宽，眼大，耳薄而窄长。公母羊大多无角，胸部较深，背腰平直，肋骨丰满。腹大而不下垂，后躯发育良好，体形呈楔字形，全身白色，部分羊的耳部有黑斑。

（3）生产性能

成年公羊体重在 80 kg 以上，成年母羊体重在 45 kg 以上。泌乳期为 7～8 个月，产奶量为 450～700 kg，高产奶山羊的产奶量在 1 000 kg 以上。

5. 中卫山羊

中卫山羊（见图 2-31、图 2-32）又称“沙毛山羊”，是我国独特而珍贵的裘皮山羊品种。

图 2-31　中卫山羊（♀）

图 2-32　中卫山羊（♂）

（1）产地

中卫山羊主产于宁夏西部、西南部以及甘肃中部。中卫山羊的主要产品是二毛皮，又称沙毛皮，其品质主要取决于花穗类型和分布、毛股长度和弯曲数、毛被品质、皮板厚度和面积等。裘皮具有美观、轻便、结实、保暖和不结毡等特点。

（2）外貌特征

中卫山羊体质结实，体格中等，身短而深，近似方形。公母羊大多有角，公羊角呈半螺旋形的捻状弯曲，向上、向后外方伸展，长度为35~48 cm；母羊角小，呈镰刀形，向后下方弯曲，角长为20~25 cm。额部着生毛绺，垂于眼部，颌下有髯。被毛以白色为主，少数为纯黑色或杂色，光泽悦目。

（3）生产性能

中卫山羊肉质细嫩，脂肪分布均匀，膻味小。羯羊屠宰率平均为44.8%。成年公羊体重为54.25 kg，成年母羊体重为37 kg。

小知识

中卫山羊在6月龄性成熟，1.5岁配种，产羔率为103%。中卫山羊因盛产花穗美观、色白如玉、轻暖、柔软的沙毛皮而驰名中外。

模块2　国外引进的主要绵羊、山羊品种

一、国外引进的主要绵羊品种

1. 澳洲美利奴羊

（1）育成史

澳洲美利奴羊（见图2-33、图2-34）是最著名的细毛羊品种

之一。从1788年开始，利用由英国及南非引进的西班牙美利奴羊以及从德国引入的撒克逊美利奴羊、法国和美国引入的兰布列羊等品种进行杂交，经过100多年有计划的选育培育而成。

图2-33 澳洲美利奴羊（♀）

图2-34 澳洲美利奴羊（♂）

（2）外貌特征

体形近似长方形，腿短，体宽，背部平直，后躯肌肉丰满。公羊颈部有1~3个发育完全或不完全的横皱褶，母羊有发达的纵皱褶。羊毛覆盖头部至两眼连线，前肢达腕关节，后肢达飞节。

（3）生产性能

细毛型成年公羊体重为60~70 kg，成年母羊体重为38~42 kg；成年公羊剪毛量为7.5~8.5 kg，成年母羊剪毛量为4~5 kg，净毛率为63%~68%。中毛型成年公羊体重为65~90 kg，成年母羊体重为40~44 kg；成年公羊剪毛量为8~12 kg，成年母羊剪毛量为5~6 kg，净毛率为62%~65%。强毛型成年公羊体重为70~100 kg，成年母羊体重为42~48 kg；成年公羊剪毛量为8.5~14 kg，成年母羊剪毛量为5~6.5 kg，净毛率为60%~65%。

2. 德国美利奴羊

（1）产地

德国美利奴羊（见图2-35、图2-36）原产于德国，是世界著名的肉毛兼用品种，是用法国的泊列考斯羊和由英国引入的莱斯特公羊，与德国原有的美利奴母羊杂交培育而成的。我国于1958年引入该品种，是育成内蒙古细毛羊的父系品种之一。

图 2-35　德国美利奴羊（♀）

图 2-36　德国美利奴羊（♂）

（2）外貌特征

体格大，成熟早。胸宽而深，背腰平直，肌肉丰满，后躯发育良好。公母羊均无角。被毛白色，密而长，弯曲明显。

（3）生产性能

德国美利奴羊早熟，羔羊生长发育快，产肉多，繁殖力强，被毛品质好。性成熟早，12 个月龄前就可以进行第一次配种，产羔率为 150%～250%。母羊的母性强，泌乳性能好，羔羊死亡率低。成年公羊体重为 100～140 kg，成年母羊体重为 70～80 kg。

3. 萨福克羊

（1）产地

萨福克羊（见图 2-37、图 2-38）原产于英国，是以南丘羊为父本、当地黑面有角的诺福克羊为母本杂交培育而成的，具有早熟、生长快、产肉性能好、产羔率中等的特点。

图 2-37　萨福克羊（♀）

图 2-38　萨福克羊（♂）

（2）外貌特征

公母羊均无角。颈粗短，胸宽深，背腰平直，后躯发育丰满。成年羊头、耳及四肢为黑色，被毛为有色纤维。

（3）生产性能

成年公羊体重为 110~150 kg，成年母羊体重为 70~100 kg，4 月龄羔羊体重为 56~58 kg，繁殖率为 175%~210%。

4. 无角陶赛特羊

（1）外貌特征

无角陶赛特羊（见图 2-39、图 2-40），公羊无角，颈粗短，胸宽深，背腰平直，躯体呈圆桶状。四肢粗短，后躯丰满，全身白色。

图 2-39　无角陶赛特羊（♀）

图 2-40　无角陶赛特羊（♂）

（2）生产性能

成年公羊体重为 90~100 kg，成年母羊体重为 55~65 kg，剪毛量为 2~3 kg，胴体品质和产肉性能好，产羔率为 130%。

5. 夏洛莱羊

（1）产地

夏洛莱羊（见图 2-41、图 2-42）原产于法国，是莱斯特羊与兰德瑞斯羊杂交而成的品种。

（2）外貌特征

公母羊均无角，额宽，耳大。体躯长，胸宽深，背腰平直，后躯宽大。两后肢间距宽，肌肉丰满发达，四肢较短。

图 2-41　夏洛莱羊（♀）

图 2-42　夏洛莱羊（♂）

（3）生产性能

夏洛莱羊早熟，耐粗饲，采食能力强，对寒冷潮湿或干热气候表现出较好的适应性。4~6 月龄羔羊胴体重为 20~23 kg，胴体质量好，瘦肉多，脂肪少。产羔率高，经产母羊为 182%，初产母羊为 135%，是生产肥羔的优良品种。成年公羊体重为 110~140 kg，成年母羊体重为 80~100 kg。

6. 罗姆尼羊

（1）产地

罗姆尼羊（见图 2-43、图 2-44）原产于英国东南部的肯特郡，故又称肯特羊。现除英国以外，罗姆尼羊在新西兰、阿根廷、乌拉圭、澳大利亚、加拿大、美国和俄罗斯等国均有分布，而新西兰是目前饲养罗姆尼羊数量最多的国家。

图 2-43　罗姆尼羊（♀）

图 2-44　罗姆尼羊（♂）

（2）生产性能

罗姆尼羊成年公羊体重为 90~110 kg，成年母羊体重为 80~90 kg，成年公羊剪毛量为4~6 kg，成年母羊剪毛量为3~5 kg，净毛率为60%~65%，毛长为11~15 cm，细度为46~50支，产羔率为120%。成年公羊胴体重为70 kg，成年母羊胴体重为40 kg，4月龄肥育公羔胴体重为22.4 kg，母羔胴体重为20.6 kg。

7. 杜泊羊

(1) 产地

杜泊羊（见图2-45、图2-46）原产于南非。

图2-45　杜泊羊（♀）

图2-46　杜泊羊（♂）

(2) 外貌特征

杜泊羊是由有角陶赛特羊和波斯黑头羊杂交育成，是世界著名的肉用羊品种。

杜泊羊根据其头颈的颜色，可以分为白头杜泊羊和黑头杜泊羊。这两种羊躯体和四肢皆为白色，头顶部平直，长度适中。额宽，鼻梁微隆，无角或有小角根。耳小而平直，既不短也不过宽。颈粗短，肩宽厚，背平直，肋骨拱圆，前胸丰满，后躯肌肉发达。四肢强健而长度适中，肢势端正，整个身体犹如一架高大的马车。

杜泊羊根据毛型不同，可以分为长毛型和短毛型。长毛型羊生产地毯毛，较适应寒冷的气候条件；短毛型羊被毛较短（由发毛或绒毛组成），能较好地抵抗炎热和雨淋，在饲料蛋白质充足的情况下，杜泊羊不用剪毛，因为它的毛可以自行脱落。

（3）生产性能

杜泊羊生长迅速，平均日增重 81~91 g。3.5~4 月龄的杜泊羊体重可达 36 kg，屠宰胴体重约为 16 kg，品质优良。杜泊羊虽然高度中等，但体躯丰满，体重较大。成年公羊和母羊的体重分别在 120 kg 和 85 kg 左右。年剪毛 1~2 次，成年公羊剪毛量为 2~2.5 kg，成年母羊剪毛量为 1.5~2 kg。被毛多为同质细毛，个别个体为细的半粗毛。毛短而细，春毛为 6.13 cm，秋毛为 4.92 cm，羊毛主体细度为 64 支，少数能达到 70 支或以上；净毛率平均为 50%~55%。

二、国外引进的主要山羊品种

1. 波尔山羊

（1）产地

波尔山羊（见图 2-47、图 2-48）原产于南非。

图 2-47　波尔山羊（♀）

图 2-48　波尔山羊（♂）

（2）外貌特征

体躯被毛为白色，头颈为红褐色。头大壮实，鼻大稍弯曲，鼻孔宽，前额突出。角粗壮向后逐渐弯曲，耳宽下垂，被毛短而稀。腿短，四肢强健，腿肌发达。

（3）生产性能

成年公羊体重为 95~110 kg，成年母羊体重为 65~75 kg。成年羊屠宰率可达56%~60%，胴体肉质良好，细嫩、多汁、适口性好。波尔山羊可以四季繁殖，平均产羔率为193%。

2. 萨能奶山羊

（1）产地

萨能奶山羊（见图2-49、图2-50）是世界著名的奶山羊品种之一，原产于瑞士伯尔尼州西南部的萨能山区，属阿尔卑斯山区，具有早熟、长寿、繁殖力强、泌乳性好的特点。我国于20世纪初开始引入，目前我国的奶山羊绝大多数是萨能奶山羊的杂交种，如关中奶山羊及崂山奶山羊。

图2-49　萨能奶山羊（♀）

图2-50　萨能奶山羊（♂）

（2）外貌特征

萨能奶山羊具有乳用家畜特有的楔形体形，后躯发达。被毛白色，偶有毛尖呈淡黄色。具有头长、颈长、躯干长、四肢长的外形特点。公母羊均有须，大多无角。母羊腹大而不下垂，乳房发达。

（3）生产性能

成年公羊体重为75~100 kg，最高120 kg；成年母羊体重为50~65 kg，最高可达90 kg。母羊泌乳性能良好，泌乳期为8~10个月，可产奶600~1 200 kg，因各国饲养条件不同，其产奶量的差异较大，最高产奶记录为3 430 kg。母羊产羔率一般为170%~180%，高者可达200%~220%。

3. 安哥拉山羊

（1）产地

安哥拉山羊（见图 2–51、图 2–52）是世界著名的毛用山羊品种之一，原产于土耳其安哥拉，是一个古老的培育品种。

图 2–51　安哥拉山羊（♀）

图 2–52　安哥拉山羊（♂）

（2）外貌特征

全身被毛为白色，由波浪形或螺旋形的毛辫组成。头及腿生有短刺毛，体格较小。公母羊均有角，公羊角大扁平，向后、向外上方延伸；母羊角小，耳中等长度，呈下垂或半下垂状态。鼻梁平直或微凹，面部和耳朵有深色斑点。颈部细短，体躯窄，骨骼细，头轻小，肋骨扁平。四肢短而端正，蹄质结实。

（3）生产性能

成年公羊体重为 40~45 kg，成年母羊体重为 30~35 kg。性成熟较晚，一般母羊 18 月龄开始配种，多产单羔，繁殖率及泌乳量均低。

第3单元 体尺测量和外貌鉴定

模块1　体尺测量

一、羊体各部位的识别

羊的外貌和体形在一定程度上能够反映其生产性能的高低。如要进行外貌鉴定和体尺测量，从而区别、记录每只羊的体形和外貌特征，就必须学会识别羊体各部位，这对判定其生产方向、生产性能等具有重要的实践意义。羊体各部位如图 3-1 所示。

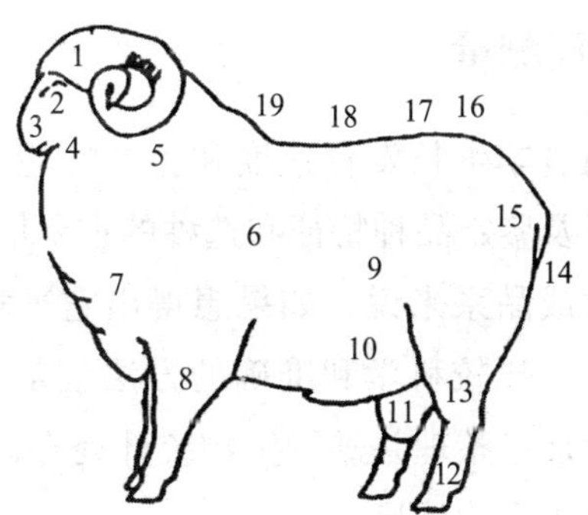

图 3-1　羊体各部位

1—额　2—眼　3—鼻　4—唇　5—颈　6—肩　7—前胸
8—前肢　9—肋骨部　10—腹　11—阴囊　12—后肢　13—飞节
14—尾　15—尻　16—荐部　17—腰　18—背　19—鬐甲

1. 头颈部

毛用羊的头部和颈部较长，面部较大；肉用羊的头部短而宽，颈部较短，肌肉和脂肪多且发达，头颈部呈宽的方圆形。

2. 背腰部

毛用羊的背部较窄；肉用羊的背部宽而肉多，背腰平直。

3. 胸部

毛用羊的胸腔容积较大，胸腔长而深；肉用羊的胸腔容积较小，宽而短。

4. 腹部

毛用羊和肉用羊均要求腹线与背线平行。腹部下垂的称为“垂腹”或“草腹”。

5. 四肢

因品种、生产方向不同，羊的四肢长短会有所差异。羊的肢势应直立端正，X 形腿、O 形腿的肢势均属缺陷。肉用羊的四肢一般要比其他品种的短。

二、羊的体尺测量

体尺测量是衡量羊生长发育速度和生产性能，评定各种羊的发育情况和体形，以及鉴定品种特征和选种的重要依据。

对于羊的品种或品系来说，如果想得出它平均的、能够代表一般体形结构的体尺，比较科学和准确的方法就是进行体尺测量，将测量后所得的数据加以整理并进行生物统计处理，再求出其平均值、标准差等，用于代表平均体尺。

1. 体尺测量工具

体尺测量常用的工具有测杖、圆形测定器、卷尺等，这些测量工具上都标有刻度，可读取测量数值。一般在羊的 3 月龄、6 月龄、12 月龄和 18 月龄这四个阶段进行体尺测量，通过体尺测量可以了解羊的生长发育情况，也可以估算出羊的活重。计算公式为：羊的活重（kg）=［羊的体斜长（cm）×胸围^2（cm^2）］÷10 800。

例如，一只羊的体斜长为 65 cm，胸围是 66 cm，则这只羊的活重约为 26.2 kg。

2. 体尺测量指标

羊的常用体尺测量指标有体高、体长、腰角宽等，可以根据需要和测量的目的而定，但一般必须测量体高、体长等基本指标。如有特殊要求，可以有针对性地多测量几个部位。例如，估测羊的活重时需要测量体斜长和胸围等。体尺测量要求测量人员熟悉主要的测量部位和基本的测量方法。体尺测量的主要指标如下：

（1）头长：顶骨的突起部到鼻镜上缘的直线距离。

（2）额宽：两眼外突起之间的直线距离。

（3）体高：鬐甲最高点至地面的垂直距离。

（4）体长：即体斜长，肩端最前缘至坐骨结节后缘的直线距离。

（5）胸宽：左右肩胛中心点的距离。

（6）胸深：鬐甲高点到胸骨下缘的距离。

（7）胸围：自肩胛骨后缘绕胸一周的长度。

（8）尻高：荐部最高点到地面的垂直距离。

（9）尻长：髋骨突到坐骨结节的距离。

（10）腰角宽（十字部宽）：两髋骨突间的直线距离。

（11）管围：左前肢管骨最细处的水平周径（管骨上 1/3 的圆周长度）。

（12）十字部高：十字部至地面的垂直距离。

（13）肢高：肘端到地面的垂直距离。

（14）尾长：尾根到尾端的距离。

（15）尾宽：尾幅最宽部位间的直线距离。

3. 体尺测量注意事项

根据不同的测量指标选用不同的测量工具，分别用卷尺、测杖、圆形测定器进行测量。体尺测量要求测量部位准确，工具读数精确，卷尺不能拉得太紧或太松，否则影响测量的准确性。每次测量时除了配备一位测量人员外，还需要配备一位记录人员以及两位抓羊及保定人员。

在体尺测量时，必须将被测量的羊保定在干净卫生、平整平坦的地面上，保持直立的正常姿势，四肢的位置必须垂直、端正。左、右两侧的前后肢均须在同一条直线上。头部应自然前伸，不左右偏也不上仰下俯。只有保持正确的姿势，才能测出比较准确的体尺数值。

模块 2　外貌鉴定

一、羊的体形外貌评定

羊的体形外貌评定是根据羊的理想体形外貌制定评分标准，通过对羊各部位进行评分，求出被测个体总分，表示体形外貌评定的结果。

1. 体形外貌评定划分

（1）肉用公羊

整体结构 25 分、肥育状态 25 分、体躯 30 分、四肢 20 分，合计为 100 分。

（2）肉用母羊

整体结构 25 分、体躯 25 分、母性特征 30 分、四肢 20 分，合计为 100 分。

在具体评定时，首先要查看羊的整体结构有没有严重缺陷和疾病，公羊是否单睾、隐睾，母羊乳房发育情况，上下颌发育是否正常，被毛有无花斑或杂色毛，行动是否正常，反刍是否正常等。认真观察以上内容后，再决定被评定的羊只个体是否有进一步鉴定的必要和价值。

2. 体形外貌评分标准

为了便于现场学习、记录和资料的整理，将肉用羊的体形外貌评定的评分标准列出，具体如下：

（1）整体结构（公羊 25 分，母羊 25 分）

整体结构匀称、紧凑，外形浑圆。肌肉充实，膘情中上，体魄健壮，体质结实。体躯宽深，胸围较大且腹围适中，背腰平直，后躯宽广丰满。头小而短，四肢相对较短。公羊雄壮，母羊清秀。

（2）肥育状态（公羊 25 分，母羊 0 分）

体形呈圆桶状，无相对明显的棱角，颈部、肩部、背腰部、臀部肌肉丰满。

（3）体躯（公羊 30 分，母羊 25 分）

前躯为头小颈短，额宽面平，鼻微拱，肩部宽平，胸部宽而深。中躯为背腰平直、宽阔，腹部与胸近平直，肋骨开张但不外露，背线不下凹，腹围大小适中，不下垂。后躯为荐部宽平，腰角不外凸，尻部长而宽平，斜平适度，后膝突出，胫部肌肉丰满，腿臀围大，外生殖器发育良好，公羊睾丸对称，母羊外阴正常。

（4）母性特征（公羊 0 分，母羊 30 分）

头颈清秀，眼大鼻直，肋骨开张，后躯比前躯更发达，中躯较长，乳房发育良好。

（5）四肢（公羊 20 分，母羊 20 分）

四肢短矮，健壮结实，肢势良好，肢蹄质地坚实。

羊的体形外貌评定具有很大的主观性，因此要求评定人员有一定的理论基础和实践经验。为了提高评定的客观性，可以将体形外貌评定与体尺测量结果相结合。

3. 体形外貌评定的一般程序

（1）评定肩部到臀部的被毛覆盖情况。

（2）按捏颈部，判定毛丛厚度与肌肉充实度，检查毛杂质及污染程度。

（3）两手按压肩端两侧，检查胸部被毛和肌肉的生长情况。

（4）双手探测胸围和前胸深度。

（5）握住后腿，拇指放在外侧上下按捏，鉴定腿毛和肌肉丰满程度。

（6）评定臀部宽度以及腰部肌肉和肋骨拱起的丰满程度，并检查股部被毛和肌肉情况。

（7）一只手置于臀的上部，另一只手伸在两腿间，探测后躯深度；用两只手拨开被毛，观察毛丛内部状态，检查肩、腹侧和股部三个部位的被毛状况。

常见的体形外貌缺陷有：弱背、斜尻、长颊、狭胸、紧胸、腹大、弯腿、缺乏肌肉、肋骨缺少弹性、腿太高使体躯显得浅窄。

二、羊的年龄鉴定

在对羊进行其他项目的鉴定之前，首先应进行年龄的鉴定，因为年龄与羊的繁殖能力、生产性能密切相关，年龄的识别在实际生产中具有非常重要的意义。母羊的最佳繁殖年龄为3~4岁。

1. 耳标判断法

对羊的年龄最准确的判断方式是查询育种记录和耳标，但这种方法很多时候会受到限制，多用于种羊场或一般羊场的育种群。种羊场为了做好羊的育种工作，会给每只羊佩戴金属或塑料耳牌，上面标有羊的编号，编号必须是4位或5位数字码，一般第一个号码表示该羊出生年份的尾数，后面的号码为该羊的个体编号。

2. 牙齿判断法

对羊的年龄鉴定首先应依靠羊场的个体出生记录档案确定。如果没有查找条件，目前比较可靠的方法是采用牙齿鉴定法，即依据下颌门齿的发生、更换、磨损、脱落等情况判断其年龄，所估年龄的误差一般不超过半岁。

成年羊共有 32 枚牙齿，上颌有 12 枚，每边各 6 枚，上颌无门齿，只有角质层形成的齿垫。下颌有 20 枚牙齿，每边各 6 枚臼齿，另有 8 枚门齿。

幼年羊的牙齿叫乳齿，颜色洁白，较小；成年羊的牙齿叫永久齿，颜色发黄，较大。以牙齿鉴定羊的年龄主要看羊下颌的 4 对门齿，中间的一对叫切齿，切齿两侧的为内中齿，向外的为外中齿，最外的一对叫隅齿。

羔羊刚出生时有 6 枚乳齿，1 月龄左右时 8 枚乳齿长齐；1.5 岁左右时，乳齿齿冠有一定程度的磨损，钳齿脱落，并在原脱落部位长出第一对永久齿，乳切齿换成永久切齿；2~2.5 岁时中齿脱落更换，长出第二对永久齿；3 岁时外中齿脱换；4 岁时隅齿脱换，门齿的咀嚼面磨得较为平直，俗称“齐口”；5 岁以后可根据齿间缝隙的大小、齿的磨损程度和状况判定，可以见到个别牙齿有明显的齿星，说明齿冠部已基本磨完，暴露了齿髓；6 岁以上齿龈凹陷，牙齿向前斜出，齿冠变狭小，已磨到齿颈部，门齿间出现明显的间隙；7~9 岁，齿间缝隙更大，出现露孔现象，牙松动并陆续脱落，这时候绝大部分母羊的繁殖能力都很低，失去利用价值，应当及时淘汰。

为了便于记忆，总结出根据牙齿判断羊年龄的三字顺口溜：一岁半，中齿换；到两岁，换两对；两岁半，三对全；满三岁，牙换齐；四磨平；五齿星；六现缝；七露孔；八松动；九掉齿；十磨净。

有经验的农牧民鉴定羊年龄的方法是：一岁始换牙，两岁一对牙，三岁两对牙，四岁三对牙，五齐，六平，七斜掉一牙。此方法简单易记，便于掌握与推广。

羊的年龄判断表见表 3-1。

表 3-1　　　　羊的年龄判断表

年龄	牙齿的更换及磨损情况	习惯叫法
1 周	乳钳齿长出	无
1~2 周	乳内中齿长出	无
2~3 周	乳外中齿长出	无
3~4 周	乳隅齿长出	无
1~1.5 岁	乳钳齿更换	对牙
1.5~2 岁	乳内中齿更换	四齿
2.5~3 岁	乳外中齿更换	六齿
3.5~4 岁	乳隅齿更换	新满口
5 岁	钳齿齿面磨平	老满口
6 岁	钳齿齿面呈方形	无
7 岁	内外中齿齿面磨平	漏水
8 岁	开始有牙齿脱落	破口
9~10 岁	牙齿基本脱落	光口

3. 羊角轮判断法

角是角质增生而形成的，冬春季营养不足时，角长得慢或不生长，青草期营养好，角长得快，因而会生出凹沟和角轮，每一个深角轮就是 1 岁的标志。角纹的生长随着年龄而变化，1 岁以下的角光滑，没有角纹。2 岁以后出现角纹，且每增加 1 岁，角纹就增长一段，新增的角纹与上角纹衔接处有横切的突起结节。通过角纹鉴定羊的年龄时，鉴定人员用手抓住羊角，从角基部开始数隆起的粗角纹数，表面光滑且没有角纹的代表初生至 1 岁，如果有 1 个结节则为 2 岁，有 2 个结节为 3 岁，有 3 个结节为 4 岁，有 4 个结节为 5

岁，依次类推鉴定羊的年龄。

4. 毛皮观察法

羊的年龄还可以通过观察毛皮的状况进行鉴定。青壮年羊，一般毛的油汗多，光泽度好；而老龄羊，皮松无弹性，毛焦。

三、羊毛品质鉴定

羊毛是皮肤的衍生物，是养羊业的主要产品，也是毛纺工业的重要原料。羊毛的产量及质量直接关系到养羊业及毛纺工业的发展。

1. 羊毛的形态学结构及附属组织

（1）羊毛的形态学结构

生长出的羊毛包括裸露在皮肤表面和皮肤内的部分，它的构造从形态上看是由毛干、毛根、毛球这三个部分组成的。

1）毛干：长出皮肤表面的部分，通常也称毛纤维。

2）毛根：是毛干向下延伸的部分，位于皮肤内部，上接毛干，下连毛球。

3）毛球：毛根最下端的部分，与毛乳头紧密相接，外形膨大成球状，故称为毛球，它依靠从毛乳头中吸收的养分使毛球中的细胞不断增殖，从而使得毛纤维不断生长。

（2）羊毛的附属组织

1）毛乳头：由结缔组织构成，位于毛球的中央。毛乳头中分布了密集的微血管和神经末梢，以吸收羊毛生长所需的营养。

2）毛鞘：由数层表皮细胞围绕着毛根所形成的圆管状组织结构，分为内毛鞘和外毛鞘。毛鞘是表皮层向下延续形成的，其中生发层延续形成外毛鞘，颗粒层和角质层延续形成内毛鞘。

3）毛囊：外毛鞘外包围着一层薄膜，该薄膜形如囊状，称为毛囊。

4）脂腺：位于毛鞘的两侧，分泌管开口在毛鞘中，分泌物通过毛根渗出到毛干上，滋润和保护毛纤维。

5）汗腺：位于皮肤深处，分泌管直接开口在皮肤表面，有的靠近毛孔。汗腺分泌的汗液与脂腺分泌的油脂共同组成了羊毛的油汗。

6）竖毛肌：竖毛肌是位于皮肤内层的很小的肌纤维束。一端附着在脂腺附近的毛鞘上，另一端和表皮相连，它的收缩和松弛调节脂腺、汗腺的分泌及血液、淋巴液的循环以及毛干的起竖和倒伏。

2. 羊毛的组织学结构

一般来讲，羊毛由鳞片层、皮质层和髓质层三部分组成。

（1）鳞片层

鳞片层包围在毛纤维的表面，由扁平、无核、形状不规则的角质细胞组成。不同类型的毛纤维，鳞片形状都不一样，呈环形与非环形。鳞片的一端附着于毛干体，另一端向外游离。不同种类的羊毛游离端大小不等，游离端大小决定了羊毛的缩绒性与工艺价值。鳞片层对毛纤维有保护作用，当其受到破坏时，羊毛强度降低，羊毛的韧性受到影响。鳞片层排列疏密和附着程度影响羊毛的光泽度。另外，鳞片层排列方式与游离端的大小决定了纺纱性能。

（2）皮质层

皮质层位于鳞片层之下，由细长的梭状角质化细胞和细胞间质组成。在毛纤维中，沿纵轴方向排列，并借细胞间质紧密连在一起。皮质层在毛纤维中所占比例的大小，因毛纤维细度和类型的不同而异。皮质层决定了毛纤维的完整性，如果皮质层遭到破坏，毛纤维的物理性质如强度、伸度和弹性等就会降低或丧失。皮质层决定羊毛的细度，皮质层越多羊毛越粗、越少羊毛越细。此外，色素颗粒会在此沉积，从而决定羊毛的颜色，染色时染色剂被这部分组织吸收。

（3）髓质层

在粗毛和两型毛中，髓质层为毛纤维中最内一层，它是有髓毛的主要特征。由菱形或方形的细胞组成，各细胞重叠起来呈蜂窝状，内部充满空气。髓质层在整个毛纤维中所占比例的大小决定了羊毛的工艺价值。髓质层特别发达时，羊毛变成干死毛，这种羊毛粗硬，无光泽，脆弱易断，不能染色，纺织价值低。髓质层是热的不良导体，可减低毛纤维的导热性，冬季减少体温散发，夏季防热。

3. 羊毛的纤维类型

羊毛的纤维类型是指从一堆毛、一片毛或一束毛中任意抽出一根羊毛，然后根据生长特点、组织学结构和纺织工艺性能划分为不同的种类。

（1）刺毛

刺毛主要是指分布在羊的颜面和四肢下端的覆盖毛，髓质层发达，鳞片层较小，呈非环形，长度过短，光泽较亮，在皮肤上倾斜生长，一根覆盖一根，形成特殊的覆盖层。由于这类毛是覆盖毛，长在特殊部位，所以剪毛时一般不剪，主要起保护和触觉作用。

（2）无髓毛

无髓毛（又称细毛或绒毛）没有髓质层，只有鳞片层和皮质层，直径不超过 40 μm，长度为 5～16 cm，有弯曲。无髓毛存在于细毛羊被毛中或粗毛羊被毛底层。对于粗毛羊而言，无髓毛主要起保护作用，冬季保暖，夏季自然脱落。

（3）有髓毛

有髓毛（粗毛或发毛）较粗、较长、较直，有髓质层，鳞片层为非环形。有髓毛存在于粗毛羊被毛中或细毛羊羔羊时期的被毛中。有髓毛是在初级毛囊内生长的，细毛羊羔羊时期初级毛囊长出的仍是有髓毛，在哺乳期逐渐脱落而被无髓毛代替，这种有髓毛称为犬毛。有髓毛根据其外观、特性不同又可以分为不同类型。有髓毛工艺价值低，主要用于制造粗纺织品，如毛毯、地毯、制毡等。有髓毛的含量和细度会影响粗毛的品质好坏。

1）干毛是有髓毛的一种变态毛，主要特征是有髓毛纤维端变得粗硬、软弱，缺乏光泽、干枯，工艺价值降低，不能染色，是毛纺工业的疵点。羊毛因风吹、日晒、雨淋而失去油汗，导致细胞内物质及细胞间联系发生变化而形成干毛。

2）死毛是髓质层特别发达，占毛细度 2/3 以上的毛纤维，是有髓毛的变态种。死毛颜色骨白，无光泽、易断、弯曲少，失去了强度、伸度和弹性，是毛纺工业的一害。死毛与遗传和羊的品种特性有关，乌珠穆沁羊的死毛特别多。死毛与干毛统称为干死毛。

（4）两型毛

两型毛（中间型毛）的组织学结构近似于无髓毛。在一根毛纤维中，无髓毛和有髓毛相间出现或呈点状或线状出现，其鳞片多为环形，细度、长度及其他工艺价值介于无髓毛和有髓毛之间，直径为 30~50 μm。两型毛是提花毛毡和一般毛毯、地毯等的优质原料。在生产实践中，往往以被毛中无髓毛、两型毛与有髓毛的根数比或重量比，确定粗毛羊品质或改良效果，绒用山羊绒毛品质以及裘皮山羊裘皮品质等。

4. 羊毛的种类

羊毛的种类主要是根据一束毛、一片羊毛或一个套毛所属的具体种类而划分，一般可将羊毛划分为两大类，即同质毛和异质毛。

（1）同质毛

由同一类型毛纤维组成的毛称为同质毛，即羊毛的长度、细度、弯曲等性能都相同的毛丛、毛被或毛堆。同质毛来自纯种羊或高代杂种羊，又分为细毛和半细毛两种。

1）细毛：直径小于 25 μm，支数大于 60 支的羊毛。

2）半细毛：直径在 26~66 μm，支数为 32~58 支的羊毛。

（2）异质毛

由不同类型毛纤维组成的毛被、毛束或毛丛，又可以分为粗毛、半粗毛两种。

1）粗毛：在异质被毛中混有干死毛，油汗极少或没有，毛纤维类型比例常因品种、性别及年龄的不同而异。如蒙古羊，农区饲养的毛质好，牧区饲养的则毛质差。

2）半粗毛：比粗毛软，有大量的油汗。在长毛纤维的端部形成毛辨。半粗毛采自粗毛羊和细毛羊的 1～2 代杂种羊，或半细毛与粗毛的低代杂种羊，或半粗毛羊品种。

羊体上的全部羊毛称为毛被。由于羊毛较密，毛纤维互相紧密贴附，从羊体上剪下的毛所形成的完整毛被，称为套毛。如果羊毛密度较小，剪下后不成完整毛被而是一片片的羊毛，称为片毛，更小的称为碎毛。细毛羊的羊毛密度大，油汗多，一般都剪成套毛。粗毛羊的羊毛密度小，油汗也少，故剪成片毛或碎毛。原毛、污毛毛被是由毛束和毛丛组成的。

毛束是组成毛被的最小单位。将毛被仔细分开，可以看出羊毛在皮肤上成群生长，同属一群的毛纤维互相紧密结合形成毛束。在细毛羊和半细毛羊的毛被中，若干毛纤维紧密结合在一起，形成较大的毛群，即小毛丛，若干个小毛丛形成毛丛。毛丛与毛丛以皮肤上各种大小不同的缝隙隔开。

5. 羊毛的密度

羊毛的密度是指羊毛纤维在单位皮肤面积上分布的疏密，一般以每平方厘米羊毛纤维的根数表示。

羊毛的密度因品种不同差异很大，细毛羊的羊毛密度最大，粗毛羊的羊毛密度小。细毛羊和粗毛羊杂交，随杂交代数增多，羊毛的密度发生改变。生长部位不同，羊毛的密度也不同，同一个体，鬐甲、背、颈部生长最密，其次为肩、体、股，腹部毛最稀；离背部越近毛越密，越远毛越稀。腹毛长度短，密度小，剪毛量低。营养水平、怀孕期与生长期毛囊均影响羊毛密度。羊毛密度的评定方法有以下两种：

(1) 感官评定法

感官评定法一般是在现场进行个体鉴定时采用。羊只保定后，测定者用两手轻轻分开体侧被毛，顺毛丛方向观察皮缝的宽窄程度。皮缝越窄，羊毛密度越大；皮缝越宽，羊毛密度越小。触摸股部、体侧部、肩胛部毛被，感觉其厚实和松软程度，以确定羊毛密度大小。

(2) 实验室测定法

实验室测定法一般在科研或选种时采用。

1) 密度钳测定法。从羊体的预测部位，用羊毛密度钳取下 1 cm^2 皮肤上的羊毛，在实验室数其根数。

2) 皮肤切开测定法。用环形皮肤取样刀（直径 1 cm）在预测部位取活体皮肤样品，在实验室利用组织学的计数方法测定毛囊的数量。

6. 羊毛的物理特性

(1) 长度

羊毛长度影响毛织品的品质。在其他品质相似的情况下，长羊毛的可纺支数和毛纱强力均比短羊毛高。因为羊毛有弯曲，所以羊毛的长度分自然长度和伸直长度两种，以厘米为单位。自然长度是指毛丛自然状态下的长度，现场用测量工具在羊体上测定，准确度要求为 0.5 cm。伸直长度是指单根纤维拉直后所测得的长度，其准确度要求达到 1 mm，羊毛收购和毛纺工业上一般采用伸直长度。细毛的伸直长度比自然长度长 20%，半细毛的伸直长度比自然长度长 10%~20%。

羊毛长度因羊的品种、性别、年龄、个体、羊体部位、饲养条件等不同而存在差异。每一品种的毛长都有一定标准，但同一品种内不同个体间的差异很大，细毛羊一般平均毛长 7 cm 以上。

（2）细度

羊毛细度是指羊毛纤维横切面的直径，实验室以微米表示。它是确定羊毛品质和使用价值的最重要指标，在毛纺工业中，需要根据羊毛的细度确定加工条件，制成不同的产品。实际上，毛纤维的横切面一般不是纯圆的，故很难准确测定。

在工业上，根据羊毛品质支数计算羊毛细度，分英制和公制两种。在英制中，以 1 磅净毛纺成 560 码（约 512 m）长度的毛纱称为 1 支纱。在公制中，以 1 kg 净毛纺成 1 000 m 长度的毛纱称为 1 支纱。能纺成 60 段 1 000 m 长度的毛纱，则羊毛细度为 60 支。

羊毛越细，单位重量内根数越多，能纺成的毛纱越长，因此细度越小的羊毛，品质支数越高，纺出的毛纱越细，其织品越薄。羊毛细度与长度、弯曲、强度等特性有一定关系。一般来讲，细度和长度呈负相关。若做好育种、饲养管理，则有可能使两个性状结合得更好；羊毛越细、弯曲越小，单位长度内弯曲数也越多，但这种情况只限于弯曲呈正常半圆形，当弯曲呈其他形状时，则并非如此；在细毛中，羊毛越细，断裂强度越低；羊毛越粗，断裂强度越高。而在有髓毛中，髓质层越粗，则羊毛断裂强度越低。

在鉴定羊毛细度的同时，还要观察其均匀度，因为这也是直接影响羊毛品质的重要因素。均匀度是指单根毛纤维上、中、下三段之间，毛纤维与毛纤维之间和被毛不同部位之间细度的均匀程度。如果羊毛的均匀度达不到要求，粗细变化超过标准，就不能用来纺织高档纺织品。

影响羊毛细度的因素较多，主要有羊的品种、年龄、性别、个体、羊体部位、饲养条件等。如细毛羊、半细毛羊和粗毛羊的羊毛细度就有明显的差异；公羊毛比母羊毛要粗一些；羔羊时羊毛最细，以后逐渐变粗，到壮年时达到最粗，而后又随着老化开始变细；受皮肤厚度影响，不同部位的羊毛细度也各不相同；患病、营养不良、妊娠时，羊毛细度的均匀度变差。

（3）弯曲

弯曲是指羊毛纤维在自然状态下沿着它的长度方向呈有规则的卷曲。羊毛弯曲按形状不同分为正常弯曲、弱弯曲和强弯曲三种。有时一根毛上会出现几种弯曲。有正常弯曲的羊毛，毛丛结构好，工艺价值高。一般羊毛越细，弯曲越小，单位长度内弯曲越多。

7. 油汗、原毛、净毛率

（1）油汗

油汗是由脂腺分泌的油脂和汗腺分泌的汗液两种物质构成的。油汗附着于羊毛纤维表面，起黏附和润滑作用，使其物理和机械性能免受损害，使纤维结成密集的毛束，减少外界杂质的侵入，防止羊毛纤维黏合。细毛羊羊毛的适宜油汗含量为25%~30%，当油汗含量低于20%时，羊毛强度降低；半细毛羊适宜油汗含量为20%；粗毛羊适宜油汗含量为10%。油汗含量低会影响羊毛强度、弹性、手感和光泽。

（2）原毛

从羊体上剪下的羊毛称作原毛（污毛）。原毛内含有油汗和粪污、泥沙、草屑等物质。绵羊毛含有10%~30%的油汗。原毛中各成分含量与羊的品种、性别、个体、自然条件和饲养方式有关。

（3）净毛率

经过洗毛后，将油汗和杂质洗去的毛称作净毛。净毛重占原毛重的百分比称作净毛率，有普通净毛率和标准净毛率两种表示方法。

1）普通净毛率。将原毛洗涤烘干后称得的羊毛重，加上公认回潮率（我国定为16%）重量，就是真正的净毛重。在净毛中通常允许含1.5%的油脂和1%的植物杂质。

2）标准净毛率：这是国际贸易通常采用的指标。除净毛以外还可以含有其他物质，但是要求必须符合规定标准，即绝对净毛占

86%，水分占 12%，油脂占 1.5%，灰分占 0.5%，植物杂质为 0。

影响净毛率的因素较多，羊的品种是主要因素，另有性别、个体特性、饲养管理条件和气候条件等均能影响净毛率。一般而言，细毛羊的净毛率为 30%~46%，半细毛羊的净毛率为 60%，粗毛羊的净毛率在 60%~70%以上。

第4单元
羊的饲养管理

模块1　羊的日粮配制

一、日粮配制的原则

1. 满足营养需要。日粮要符合饲养标准，即保证供给羊只所需要的各种营养物质。但饲养标准是在一定的生产条件下制定的，各地自然条件和羊的情况不同，故应通过实际饲养效果，对饲养标准酌情修订。

2. 日粮组成多样化。

3. 粗料比例最大化。

4. 配制日粮须因地制宜。选用饲料的种类和比例，应取决于当地饲料的来源、价格以及适口性等。原则上，既要充分利用当地的青、粗饲料，也要考虑羊的消化生理特点，其体积要保证羊能全部吃进去。

5. 先配粗饲料，后配精饲料，最后补充矿物质。

二、日粮配制的步骤

1. 根据羊的体重、生长速度等，查阅饲养标准，计算出羊的营养需求总量。

2. 查阅现存饲料的营养成分。

3. 根据羊的消化生理特点，确定日粮中粗饲料的占比，并计算出粗饲料能提供的营养量。

4. 缺少的营养成分由精料提供，根据可供给的原料，初步确定混合精料的干物质量，并计算出精饲料能提供的营养量。

5. 配方中钙不足，须补充石粉，满足钙磷比为（1.5~2）：1。食盐按精料补充料的1%~2%添加。

三、日粮配制的注意事项

1. 对以放牧饲养为主的羊群，应在日粮中扣除放牧采食所获得的营养量，不足部分补给干草、青贮饲料和精料（包括矿物质和食盐）。

2. 在高温季节或地区，羊采食量下降，为减轻热应激、降低日粮中的热增耗且保持净能不变，在做日粮调整时，应减少粗饲料含量，保持较高比例的脂肪、蛋白质和维生素含量，以平衡羊的生理需要。

3. 在寒冷地区或寒冷季节，为减轻冷应激，日粮中应添加含热能较高的饲料。

模块2　放牧条件下羊的饲养管理

一、放牧量与牧场选择

1. 放牧量

决定放牧量的主要因素有草地类型、牧草产量与品质、生长季节和所饲养羊的种类等。不同种类羊所需放牧场地的大小取决于羊只的日采食量。高产细毛羊和半细毛羊采食专心，游走少，在良好草场上所需的草地面积小，若草场质量差则所需的草地面积就大。不同季节羊只的采食量也有差异，通常成年羊夏秋季日需青草5~8 kg，冬春季日需干草2~2.5 kg（相当于10~11 kg青草）。一只成年羊全年所需的上等草场面积约为10亩，中等草场面积约为20亩，下等草场面积约为30亩。

2. 人工草场建设

（1）改造现有草地为高产优质的人工草场。当现有草地出现轻度质量下降时，可以采取人工补播、施肥、加强管理等措施使草地再度恢复。对破坏严重、恢复困难的草地，首先应进行翻耙整地，再根据当地的气候条件重新按不同比例种植牧草，建设成优质、高产、稳产的人工草场。

（2）在农区和半农半牧区，利用农闲地种植优质高产牧草，刈割饲喂羊群，或晒制成青干草，或制成青贮饲料，以备过冬越春之用。

（3）在放牧地较少的农区养羊，可以利用耕地进行粮草轮作，扩大饲料来源，保证舍饲羊群青绿饲料的供应，同时也可以为羊群准备冬春补饲草料。

小知识

人工草场建成的初期，只适宜刈割，待产草量稳定时再实行有计划的分区轮牧，同时加强日常管理，定期施肥和除虫灭害。种好、管好、利用好人工草场，对于规模化提高养羊专业户的经济效益，具有十分重要的意义。

二、四季放牧技术要点

1. 春季放牧（3月至5月中旬）

（1）春季气候逐渐转暖，草场逐渐转青，此阶段是羊群由补饲转入全放牧的过渡时期，主要任务是恢复羊群体况。初春时放牧要求控制好羊群，挡住强羊，看好弱羊，防止“跑青”。

（2）在草场选择上，应选阴坡或枯草高的牧地放牧，使羊看不见青草，但在草根部分又有青草，羊只可以青草、干草一起采食，此期一般为两周时间。待青草长高后，可逐渐转到返青早、开阔向阳的牧地放牧。到晚春，青草鲜嫩，草已长高，可转入抢青，勤换牧地（2~3 天），以促进羊群复壮。

2. 夏季放牧（5 月下旬至 8 月底）

（1）放牧技术上要求早出牧、晚收牧，延长有效放牧时间（12 h 以上），做到“四饮、三饱、两休息”。

（2）南方气候炎热，可实行一天两次放牧法，即早、晚两次放牧，中午在羊舍休息，效果也很好。夏季绵羊、山羊需水量增多，每天应保证充足的饮水量，同时，应注意补充食盐和其他矿物质。

（3）夏季选择高燥、凉爽、饮水方便的牧地放牧，可以避免气候炎热、潮湿、蚊蝇骚扰等对羊群抓膘的影响。

3. 秋季放牧（9 月至 11 月）

（1）尽量延长放牧时间，中午可以不休息，使羊群多采食、少走路。对刈割草场或农作物收获后的茬子地，可以进行抢茬放牧，以便羊群采食茬子地遗留的茎叶、籽实以及田间杂草。

（2）秋季也是绵羊、山羊母羊的配种季节，要做到抓膘、配种两不误。但在霜冻天气来临时，不宜早出牧，以防妊娠母羊采食了霜冻草而导致流产。

4. 冬季放牧（12 月至翌年 2 月）

（1）冬季放牧任务是保膘、保胎，确保羊只安全越冬。对冬季草场的利用原则是：先远后近，先阴坡后阳坡，先高处后低处，先沟堑地后平地。严冬时，要顶风出牧，但出牧时间不宜太早；要顺风收牧，且收牧时间不宜太晚。

（2）妊娠母羊放牧的行进速度宜慢，不跳沟、不惊吓，出入圈舍不拥挤，以利于母羊保胎。在羊舍附近划出草场，以备大风雪天或产羔期使用。

三、放牧羊的补饲技术

1. 补饲时间和方法

（1）补饲时间

根据羊群和草料储备情况而定，原则上从体重出现下降时开始，补饲过早、过迟都不利。

（2）补饲方法

1）仅补草，最好安排在归牧后；如草料皆补，则料在出牧前，草在归牧后。

2）在草料分配上，应保证优羊优饲。对种公羊和核心母羊群的补饲量应多些，而对其他等级的成年羊和育成羊，可以按先弱后强、先幼后壮的原则进行补饲。

3）在草料利用上，先喂次草次料，再喂好草好料。在开始补饲和结束补饲上，也应遵循逐渐过渡的原则。

4）补草最好安排在草架上。

5）对妊娠母羊补饲青贮饲料时，切忌酸度过高，以免引发流产。

2. 补饲量

补饲量取决于羊群的种类、放牧条件及补饲饲料种类等。对当年断奶越冬羔羊应重点补饲。对种公羊和核心母羊群的补饲应多于其他种类羊。一般每只羊日补饲 0.5～1.0 kg 干草和 0.1～0.4 kg 混合精料。有条件的应储备青贮饲料、秸秆氨化饲料，补饲效果良好。

3. 补饲饲料

(1) 粗饲料

干草、秸秆等饲料的体积大、消化率低，但资源丰富，是羊等草食家畜主要的补饲饲料。

(2) 青贮饲料

青贮饲料中粗蛋白质和胡萝卜素的含量较高，具有酸香味，柔软多汁，适口性好，容易消化，是冬季优良的补饲饲料。

(3) 精饲料

精饲料是指体积小、粗纤维含量低、能量高的饲料，简称精料。精料是羔羊、妊娠后期母羊、种公羊的重要补饲饲料。

(4) 块根块茎类饲料

块根块茎类饲料属于多汁饲料，包括马铃薯、胡萝卜、甜菜等。其水分和可溶性碳水化合物含量高，粗纤维和蛋白质含量（按干物质计算）接近禾本科籽实饲料，适口性好，易消化。可用于羊冬季补饲饲料，以平衡全年饲料供应。

(5) 矿物质饲料

矿物质饲料属于无机物饲料。羊体所需要的多种矿物质仅通过植物性饲料无法得到满足，需要额外补充。常用的矿物质补饲饲料有食盐、骨粉、石粉、蛋壳粉、贝壳粉等。

(6) 微量元素添加剂

各地缺乏的微量元素种类不尽一致，需要有针对性地补充。微量元素也可以用化学纯制剂补充。在日粮中，由于添加量很少（每吨饲料为 1~9 g），因此必须混合均匀，使用时必须干燥。利用不同盐类补充微量元素，用量应根据其微量元素的含量计算。

(7) 维生素添加剂

在冬、春枯草期，常出现维生素不足的情况。对配种季节的种公羊、枯草期的妊娠母羊和幼龄羊都需要添加维生素。目前，常用的维生素添加剂有维生素 A、维生素 E、维生素 B_1、维生素 B_2、维生素 B_6、烟酸、氯化胆碱、泛酸钙、叶酸和生物素等。

（8）动物性饲料

动物性饲料是指来源于动物产品的饲料，如鸡蛋、牛奶、羊奶、肉粉、鱼粉、血粉、肉骨粉和蚕蛹等。动物性饲料的特点是富含蛋白质，其多用于饲喂种公羊，以提高优秀种公羊的配种能力。

4. 补饲注意事项

（1）冬季牧草枯黄，营养低下，如不加强饲养管理，羊群容易出现消瘦、失重现象。为确保羊群安全过冬，在深秋时就要做好放牧工作，使羊群增膘复壮，为安全过冬做好准备。

（2）为保证冬羊不掉膘，就要备足羊群过冬的草料。应按羊的数量收集各种青草、干草、树叶、菜帮、菜叶及农作物秸秆，可以经过氨化、碱化和堆贮饲喂，也可以制作成青贮饲料和发酵饲料。玉米、大麦、麸皮、油饼和酒糟等都是较好的饲料，但饲料要注意搭配喂养，做到多样化。

（3）入冬前一定要把羊舍修好，防止贼风侵入，夜间挂草帘，地面要干燥。减少羊体热量损失最有效的办法就是修好暖舍，避免羊着凉，防止感冒。

（4）到冬季，大多羊已妊娠，应结合放牧适当地运动，还可以节省饲草。冬牧羊群，应选择背风向阳、低洼暖和的沟里放牧，防止大风侵袭。冬牧羊应晚出早归，顶风出牧，顺风归牧。羊是反刍动物，消化能力强，可以加喂夜草和补喂精料，并适量加喂矿物质饲料，以满足种公羊、妊娠母羊和胎儿营养的双重需要。

（5）有人说冬羊难养，盐水恋膘，意思是说羊虽难养，但只要把盐加进水里喂羊，羊就会多吃草，喜饮水，容易上膘。羊如饮水不足，其重瓣胃和鼻子就会发干，不爱吃草，还容易得病。但羊不能喝太冷的水，特别是妊娠母羊，最好饮温水。

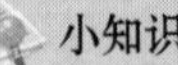

小知识

冬季天寒路滑，放牧时要注意防跌滑。妊娠母羊出入圈门要防止拥挤、碰撞和顶架，避免流产，保证妊娠母羊的安全和顺利分娩。

模块3　舍饲条件下羊的饲养管理

一、舍饲基本情况

1. 羊场选址

场址选择关系到养羊的成败和经济效益，也是羊场设计需要考虑的首要问题。根据羊的生物学特性，羊场应选择地势高、排水性良好、背风向阳、水源充足、环境安静、交通便利、方便防疫、有放牧地的场所。场址选择除考虑饲养规模外，还应符合当地土地利用规划的要求，充分考虑羊场的饲草料条件，并符合羊的生活习性及当地的社会自然条件。

（1）地势选择

场址要求地势高燥、地下水位低（2 m 以下）、有一定坡度（1%~3%）、在寒冷地区背风向阳。切忌在低洼涝地、山洪水道、冬季风口等地修建羊场。因为地势低洼的场地容易积水且道路泥泞，污浊空气不易驱散。夏季通风不良，空气闷热，有利于蚊蝇和微生物滋生。冬季寒冷，影响羊舍的保温隔热及使用寿命，同时羊易患病。为防水灾，选择的场址要远离河槽。

（2）土壤选择

壤土是羊场理想的建筑用土壤。壤土的特征介于砂土和黏土之间，易于保持干燥，土温较稳定，膨胀性小，自净能力强，对羊只健康、卫生防疫和饲养管理有利。黏土土质不适合羊场，其透水性差，吸潮后导热性大，在黏土上修建羊场，羊舍容易潮湿，冬天寒冷。

（3）水源充足，水质良好

水量能保证场内职工用水、羊饮水和消毒用水。羊的需水量一般是舍饲大于放牧，夏季大于冬季。成年母羊和羔羊舍饲需水量分别为 10 L/d 和 5 L/d，放牧需水量分别为 5 L/d 和 3 L/d。水质必须符合畜禽饮用水的水质卫生标准。同时，应注意保护水源不受污染。

（4）饲草料条件

在建羊场时要充分考虑放牧场地与饲草料条件。在北方牧区和农牧结合区，要有足够的四季牧场和打草场；在南方草山草坡地区，要有足够的轮牧草地；而以舍饲为主的农区，必须有足够的饲草料基地或便利的饲草来源，饲料要尽可能就地解决。对于奶山羊来说，要特别注意准备足够的越冬干草和青贮饲料。

（5）便于防疫

羊场的环境及附近防疫条件的好坏是影响羊场经营成败的关键因素之一。场址选择时要充分了解当地和四周疫情，不能在疫区建场，羊场周围的居民和牲畜应尽量少些，以便发生疫情时进行隔离封锁。建场前要对历史疫情做周密的调查研究，特别要警惕附近的兽医站、畜牧场、集贸市场、屠宰场、化工厂等与拟建场地的距离及所在方位，有无隔离条件等，同时要注意不要在旧养殖场上建场或扩建。羊场与居民点的距离应保持在 300 m 以上，与其他养殖场保持在 500 m 以上，距离屠宰场、化工厂等污染严重的地点越远越好，至少应在 2 000 m 以上。

（6）交通便利，供电方便

羊场要求交通便利，以便于饲草料运输，特别是大型集约化的商品羊场和种羊场，其物资需求和产品销售量极大，对外联系密切，故应保证交通便利。但为了防疫卫生，羊场与主要公路距离应至少在 100 m。同时要有方便的供电条件，以便于饲料的加工调制等。通常要求有Ⅱ级供电电源，若供电电源在Ⅲ级以下，则须自备发电机，以保证场内供电的稳定、可靠。

2. 羊场规划布局

（1）羊场规划布局的原则

1）应体现建场的方针、任务，在满足生产要求的前提下，做到节约用地，少占或不占耕地。

2）在发展大型集约化羊场时，应全面考虑粪便和污水的处理与利用。

3）因地制宜，合理利用地形、地势。

（2）羊场分区

羊场根据生产功能一般分为三个区，即生活管理区（包括与经营管理有关的建筑物、职工宿舍、食堂等）、生产区（包括羊舍，饲料加工、调制、储存等场所）和兽医卫生管理区（包括兽医室、粪便池、病羊隔离舍等）。羊场分区规划首先应从人、羊保健的角度出发，以设立最佳生产联系和卫生防疫条件，合理安排各区位置，并根据地势和主风向进行合理分区。羊场尽量做到建筑物布局紧凑，以便于机械化操作，水、电设施齐全且线路较短，有良好的小气候环境，以利于卫生防疫和管理措施的落实。

1）生活管理区。羊场的生活管理活动与社会联系密切，管理不当容易造成疫病的传播和流行，故该区的位置应靠近大门，并和生产区严格分开。外来人员只能在管理区活动，不得进入生产区。作为场外运输的车辆亦应严禁进入生产区，车棚、车库应设在管理区。除饲料库以外，其他仓库也应设在管理区。

生活管理区一般安排在地势较高、排水良好、通道较多的上风处，最好能看到全场的其他房舍，以免羊场产生的不良气味、粪尿和污水，因风向与地面径流而污染环境，造成人、畜疾病的传播。办公室和住房朝向应有利于采光（寒冷地区）或遮阳（炎热地区），距离场外大道 40~50 cm。

2）生产区。生产区是羊场的主体，主要是由各类羊舍组成，朝向一般以南为宜。生产区内建有公羊舍、种母羊舍、产房、羔羊舍和青年羊舍、育肥羊舍等。公羊舍应靠近采精室，并与种母羊舍保持一定距离；种母羊舍与羔羊舍相邻。各羊舍间保持一定距离。另外，还应有必要的生产辅助建筑物，如饲料加工场、调制场、储存库等处。生产区应位于全场的中心地带，其地势比生活管理区低，在管理区的下风向。

3）兽医卫生管理区。该区主要用来治疗、隔离病羊。为防止疫病传播与蔓延，这个区应设置在生产区下风向的地势最低处并远离生产区。病羊隔离舍应尽可能与外界隔绝，隔离区四周应有天然的或人工的隔离屏障，设置单独的通路与出入口。

小知识

引羊前须对当地农业生产、饲料、地理位置等因素加以分析，有针对性地考察几个品种羊的特性及适应性，进而确定引进的品种是山羊还是绵羊。如黄河以南地区，适于山羊饲养，在寒冷的北方则比较适合绵羊饲养，山区丘陵地区也较适于山羊饲养。要根据经济情况，合理确定引羊数量，做到既有钱买羊，又有钱养羊。准备购羊前要备足草料，修缮羊舍，配备必要的设施。

（3）建筑物的合理布局

在已确定的功能分区内，建筑物布局是否合理，对场区环境状况、卫生防疫条件、生产组织、劳动生产效率及基建投资等都有直接影响。为了使羊场建筑物布局合理，首先须根据羊场的生产性质，如是种羊场还是育肥羊场，确定饲养管理方式、集约化程度和机械化水平、饲料需要量和饲料供应情况（饲料自产、购入与加工调制等），然后进一步确定各种建筑物的形式、种类、面积和数量。兽医室、粪便污水处理区应设在下风口或地势较低的地方，间距 100~300 m。在此基础上综合考虑场地的各种因素，因地制宜，制定最好的布局方案。

3. 羊舍类型

（1）根据羊舍四周墙壁封闭的严密程度划分

羊舍可以划分为封闭舍、开放与半开放舍和棚舍三种类型。封闭舍四周墙壁完整，保温性能好，适合较寒冷的地区采用；开放与半开放舍三面有墙，开放舍一面无长墙，半开放舍一面有半截长墙，保温性能较差，通风采光好，适合温暖地区，是我国普遍采用的类型；棚舍只有屋顶而没有墙壁，仅可防止太阳辐射，适合于炎热地区。发展趋势是将羊舍建成组装式类型，即墙、门窗可以根据一年气候的变化进行拆卸和安装，形成不同类型的羊舍。

（2）根据羊舍屋顶的形式划分

羊舍可以分为单坡式、双坡式、拱式、双折式、平屋顶式、钟楼式等类型。

1）单坡式羊舍即房顶向一面倾斜，跨度小，自然采光好，适用于小规模羊群和简易羊舍。此类羊舍要求屋顶的材料比较好，便于下雨排水，羊舍面积不大。

2）双坡式羊舍，跨度大，保暖能力强，但自然采光、通风差，适用于寒冷地区。有些羊舍类似于农村居民的住房，屋顶向两面倾斜，这样的羊舍面积比较大，适于做母羊产房或母子羊舍。双坡式羊舍是最常用的一种羊舍类型。

3）在寒冷地区还可以选用拱式、双折式、平屋顶式等类型的羊舍；在炎热地区可以选用钟楼式羊舍。

（3）根据羊舍长墙与端墙的排列形式划分

羊舍可以分为“一”字形、“⌐”形和“冂”形等。其中，

“一”字形羊舍采光好，光照均匀，温差不大，经济适用，是较常用的一种类型。

我国幅员辽阔，气候各异，各地应根据当地气候特点、建筑材料、经济条件、羊的品质等分别选用不同的墙壁、屋顶及排列形式，以满足羊的生理要求。

4. 羊舍面积与环境

（1）羊舍面积

羊舍面积应根据养羊的品种、数量和饲养方式而定。面积过大，浪费土地和建筑材料，单位面积养羊的成本会升高；面积过小，不利于饲养管理和羊的健康。不同类型羊只所需羊舍面积见表4-1。

表4-1　不同类型羊只所需羊舍面积

羊只类型	所需羊舍面积（m^2/只）
成年公羊	1.8~2.25
种公羊	4~6
成年羯羊和育成公羊	0.8~0.9
春季产羔母羊	1.1~1.6
冬季产羔母羊	1.4~2.0
1岁育成母羊	0.7~0.9
去势羔羊	0.6~0.8
3~4月龄的羔羊	占母羊所需面积的20%

另外，还需要考虑过道、饲槽、值班室的占地面积等。

（2）羊舍环境

1）温度和湿度。冬季产羔舍最低温度应保持在10 ℃以上，一般羊舍在0 ℃以上，夏季舍温不应超过30 ℃。羊舍应保持干燥，地面不能太潮湿，空气相对湿度应低于70%。

2）通风与换气。对于封闭式羊舍，必须具备良好的通风换气性能，能及时排出舍内污浊空气，保持空气新鲜。

3）采光。采光面积通常是由羊舍的高度、跨度和窗户的大小决定的。在气温较低的地区，采光面积大有利于通过阳光照射提高舍内温度；而在气温较高的地区，过大的采光面积则不利于避暑降温。在实际设计时，应按照既有利于保温又便于通风的原则灵活掌握。

5. 羊舍基本结构

（1）地面

地面又称为畜床，是羊躺卧休息、排泄和生产的地方。地面的保暖与卫生情况很重要。羊舍地面有实地面和漏缝地面两种类型。

1）实地面。实地面根据建筑材料不同有夯实黏土地面、三合土（石灰：碎石：黏土＝1：2：4）地面、石地面、混凝土地面、砖地面、水泥地面、木质地面等。其中，黏土地面易于去表换新，造价低廉，但易潮湿且不便消毒，干燥地区可以采用；三合土地面性能较黏土地面好；石地面和水泥地面不保温、太硬，但便于清扫与消毒；砖地面和木质地面保暖性好，也便于清扫与消毒，但成本较高，适合寒冷地区。饲料间、人工授精室、产羔室可以用水泥地面或砖地面，以便消毒。

2）漏缝地面。漏缝地面能给羊提供干燥的卧地，国外常见，国内亚热带地区羊场也已普遍采用。漏缝地面用软木条或镀锌钢丝网等材料做成，木条宽 32 mm，厚 36 mm，缝隙宽 15 mm，适于成年绵羊和 10 周龄以上羔羊使用。镀锌钢丝网的网眼要略小于羊蹄的面积，以免羊蹄漏下伤及羊身。

（2）墙

墙在羊舍保温上起着重要的作用，我国多采用土墙、砖墙和石墙等。

1）土墙造价低，导热性差，保温效果好，但易湿，不便消毒，小规模简易羊舍可以采用。

2）砖墙是最常用的一种墙体，根据厚度不同有半砖墙、一砖

墙、一砖半墙等，墙越厚，保暖性能越强。

3）石墙坚固耐久，但导热性好，寒冷地区保温效果差。国外普遍采用金属铝板、胶合板、玻璃纤维材料建成保温隔热墙，保温效果良好。

（3）门和窗

1）门一般宽 2.5~3.0 m，高 1.8~2.0 m，可以设为双扇门，便于大车进出运送草料和清扫羊粪，一般按 200 只羊设一大门的标准建门。寒冷地区在保证采光和通风的前提下应少设门，也可以在大门外添设套门。

2）窗一般宽 1.0~1.2 m，高 0.7~0.9 m，窗台距地面 1.3~1.5 m。

（4）屋顶与天棚

屋顶具有防雨水和保温隔热的作用。其材料有陶瓦、石棉瓦、木板、塑料薄膜、油毡等，国外也有采用金属板的。在寒冷地区可以加天棚，其上可储冬草，能增强羊舍保温性能。羊舍净高（地面至天棚的高度）2.0~2.4 m，寒冷地区的羊舍可以适当降低净高。单坡式羊舍，一般前高 2.2~2.5 m，后高 1.7~2.0 m，屋顶斜面成 45°角。

（5）运动场的设置

呈“一”字形排列的羊舍，运动场一般设在羊舍的南面，低于羊舍地面 60 cm 以下，向南缓缓倾斜，以砂质壤土为好，便于排水和保持干燥。周围设围栏，围栏高度 1.5~2.0 m。在建立羊舍时还应考虑运动场的配置。运动场用混凝土或砖铺成，面积大小根据羊群结构与数量确定。成年公羊、带崽母羊、成年母羊、青年羊，应考虑面积分别为 2.5~3.0 m^2、3.5~4.0 m^2、2.1~2.5 m^2、1.8~2.0 m^2。

6. 羊舍设施

（1）羊舍内必要设施

1）羊床。羊床是给羊提供休息的地方，要求洁净、干燥、不残留粪便，便于清扫。

2）饲槽。饲槽的种类有很多，主要有移动式长条形饲槽、固定式长条形饲槽和栅栏式长条形饲槽。饲槽形状可以根据实际情况自行确定。

3）草架。草架的作用是防止羊只采食时互相干扰。草架可以用钢筋或木料制成，有固定于墙根的单面草架，也有排放在饲喂场地内的双面草架。

4）颈架。颈架的用途在于固定种羊，方便检查与疾病防治。

此外，羊舍还应设水槽、隔栏、过道以及采光通风设施等。封闭式羊舍多采用活动玻璃窗进行采光，窗户高于羊床 150 cm，规格为 100 cm×200 cm 左右。由于羊舍坐北朝南，通常南墙窗户要大一些，窗户面积与舍内面积的比例以 1∶12 为宜。对于半敞开式和敞开式羊舍则无此必要。

（2）羊舍配套设施

1）防疫设施。如消毒池、消毒通道、药浴池、隔离病房、兽医室等。

2）仓储设施。有草料库房、青贮窖、低值易耗品库等。

3）排污设施。主要是指粪便池、粪渣发酵场等。

小知识

应在羊舍附近建药浴池，药浴池是一个狭长的水池，深不小于 1 m，池底宽 30~60 cm，上口宽 60~80 cm；入口端呈斜坡状，便于羊只入池；出口端建有一定倾斜度的台阶，以便羊身上的药液流回池内。

7. 挑选羊只

羊只的挑选是能够顺利养羊的关键环节，如果是到种羊场引羊，首先要了解该羊场是否有畜牧兽医部门签发的“种畜禽生产经营许可证”“种畜禽合格证明”及“系谱耳号登记”，三者必须齐全。若到主产地农户家里收购，应主动与当地畜牧兽医部门联系，也可以委托畜牧兽医部门办理，请其把好质量关。在挑选时，要看羊的外貌特征是否符合本品种特征，公羊要选择 1~2 岁，手摸睾丸富有弹性的，若手摸有痛感的多患有睾丸炎，膘情中上等，不要过肥或过瘦。母羊要选择周岁左右的，这种羊多半正处在配种期，母羊要强壮，乳头大而均匀。视群体大小确定公羊数，一般比例要求为 1∶(15~20)，若群体较小，可适当增加公羊数，以防近交。

8. 降低饲养成本

羊是草食动物，生长发育速度相对缓慢，生产效率低，所以，降低饲养成本是养羊场经营成功的关键。在优质花生秧、红薯秧、豆秧价格为 0.15 元/kg 以上的地方，必须采用种草养羊或青贮技术，确保饲料成本降低。如种植优质牧草，可以较好地解决农区养羊因优质秸秆不足及优质秸秆价高而限制发展的难题。另外，微贮、氨化、碱化等先进秸秆处理技术的应用，也是提高低质秸秆利用率、降低饲料成本的关键。例如，用发酵秸秆粉和麸皮，加一些玉米糁喂养，就无须再加入豆饼饲料，这对降低饲料成本效果显著。

9. 选择优良品种

父本应选择个体大、生长速度快、食谱广、产肉性能和肉质好、屠宰率高、适应性强的品种。生产中常用萨能奶山羊作为第一父本，波尔山羊作为第二父本。

二、养羊的经营管理

1. 养羊劳动的特点

(1) 生产活动具有规律性

绵羊、山羊的生长发育、配种繁殖、产品生产等生命活动都具有一定的规律性，这种规律性是长期自然选择和人工选择的结果，是对外界环境良好适应的一种反应。养羊场和养羊专业户必须按这种规律性合理组织劳动，适时配种繁殖，细致地饲养管理，认真收获毛、肉、奶、皮等产品，从而获得最好的经济效益。如果违背绵羊、山羊生命活动的自然规律，其正常生长繁殖会发生紊乱，生产性能便会下降，甚至引起疾病，导致死亡。

（2）技术性强

绵羊、山羊生产的各个环节都是技术性很强的专业劳动，涉及饲养、繁殖、遗传改良、疾病防治，以及各种产品的品质鉴定、加工储藏等。从事养羊生产的劳动者应具备一定的专业知识，熟悉羊的生活习性，掌握配种繁殖技术，保证全配满怀，全活全壮，进行科学饲养，维护羊群正常生长发育与健康，进而取得良好的生产效益。

（3）产品具有鲜活性

羊肉、羊奶是养羊业的重要产品，也是优质动物蛋白质的食品来源，必须保证其品质的新鲜、卫生。在挤奶和奶的处理过程中，要严格按照卫生要求，防止各种污染，并尽快将羊奶运送到顾客手中或交到加工部门处理；肉羊屠宰应按正规方法操作，保持羊肉清洁、新鲜。肉奶产品如不能保证新鲜、卫生，甚至可能危害人们的身体健康，产品价格就会降低，从而失去顾客的信任，最终会被激烈的市场竞争所淘汰。

2. 劳动力的组织与合理利用

（1）劳动力的组织

由于养羊生产具有严格的规律性和很强的技术性，因此必须认真组织劳动力，要按照养羊生产季节合理安排劳动。尤其是在配种产羔、剪毛抓绒、剥制毛皮等时间性很强的生产环节，要调动一切力量集中突击，按劳动强度和技术要求，分工协作，共同完成。必要时可以延长每天的劳动时间，限期完成生产任务，如产羔期为了保证母羊顺利生产，搞好初生羔羊的哺养，应实行昼夜值班轮流守护制；在剪毛抓绒时期要集中人力，争取在短期内完成，以减少毛绒损失。

（2）劳动力的合理利用

劳动生产率是指单位劳动产品与耗费劳动力之比，或者一个养羊劳动力在单位时间内（1 年或 1 个月）生产的养羊产品数量。劳动生产率是衡量养羊经济效益的主要指标之一。劳动力的合理利用即提高劳动生产率，就是要以较少的劳动时间生产更多、更好的产品，只有这样才能提高经济效益。要提高养羊生产的劳动生产率，可以采取以下措施：

1）改善养羊的生产条件。要逐步改善羊舍建筑，增添养羊设备与工具，这样不仅符合羊群的正常生理需求，同时也方便了工人的操作，减轻体力消耗，提高劳动质量。

2）加强技术培训。现代养羊生产是技术性很强的生产活动，只有很好地掌握养羊专业技术知识和实践技能，提高养羊劳动者的文化科技知识，才能做好羊的繁殖、饲养管理、产品生产和疾病防治等工作。因此，必须加强劳动者的技术培训，派人员出去进行短期学习，或雇请养羊能手和科技人员来现场指导培训。

3）实行科学管理，落实生产责任制。要合理组织劳动，按专业和工种的特点，统筹安排，分工包干，签订承包合同。按完成任务的数量和质量计算劳动报酬，特别是多个家庭联营的专业养羊大户和养羊联合企业，更应严明劳动纪律，做到奖罚分明。

4）增加养羊科技投入，提高经济效益。养羊场和养羊专业户要经常关注养羊业发展的有关科技信息和市场信息，勇于和善于采用新技术，以一定的经济投入换取长远的经济效益。

5）减少意外性损失。在养羊生产过程中不可避免地会遇到气候突变、疾病传染和其他突发性事故，可能导致羊群生长发育受阻，产量降低，品质下降，甚至引起羊只死亡，给养羊生产造成损失。

因此，养羊场和养羊专业户必须随时注意天气情况和疫情信息，观察羊群动态，加强防疫措施，尽可能减少意外事故造成的损失。

三、日常饲养管理技术

1. 合理选择供给饲料

（1）混合搭配

坚持“三草并举”的原则，即将野生牧草、人工牧草、农作物秸秆混合搭配饲喂，保证饲草的多样性和营养的全面性。同时要注意饲草的质量，尽量减少饲喂发霉变质的饲草，对一些霉变不太严重的饲草在使用过程中要添加一定量的脱霉剂。

（2）少给勤添

要把饲草混合铡成2~3 cm的草节，上午饲喂草节，下午饲喂颗粒或草粉混合料。要根据羊的数量合理饲喂，少给勤添，减少浪费。每天饲喂4~5次，每次给草不能超过饲槽高度的最低端，平均每只羊饲喂量不能超过250 g。

（3）使用颗粒饲料

颗粒饲料近几年来被广泛应用于生产实践中，将粗硬草节粉碎后混入配合日粮，对羊进行颗粒饲喂。在颗粒饲喂过程中，不能全部饲喂颗粒饲料，必须与草节结合，一般采用上午草节、中午颗粒饲料，下午草节、晚上颗粒饲料的方法饲喂，循环使用才不至于使羊的消化功能紊乱。颗粒饲料具有饲草利用率高的特点，便于添加各种微量元素、矿物质等。

（4）适当补充矿物质、维生素、食盐

人为补充矿物质、维生素、食盐。通常的方法是使用舔砖。舔砖一般为圆形或正方形，可在舔砖中心（圆心）穿上光滑的铁棍，吊在羊舍遮雨的地方（距地面高度50~80 cm），让羊自由舔食。食盐一般置于遮雨水饲槽的角落，让羊自由采食，切不可将食盐加入水中饮用，避免夏季由于浓度掌握不准或暴饮引起慢性食盐中毒。

2. 保证饮水充足与卫生

保证饮水充足、不要现取现饮，不饮冰渣水和脏水，可以在水中撒些豆面、玉米面，混入微量元素、维生素等作为诱剂。夏季炎热天气适当增加饮水次数，最好做到自由饮水；冬季最好饮用温水。饮水的用具要清洗干净，定期进行消毒。

3. 保持环境卫生，适时消毒

保持圈舍、运动场周围的环境卫生。按时清扫圈内粪便、剩草、积雪、雨水等，夏季每天进行 1 次，冬季 2~3 天清扫 1 次。每天要清扫、清刷料槽和水槽，每周对圈舍的周围环境消毒 1 次，将清扫的剩草集中烧毁，同时注意保持周围环境卫生。

4. 按时巡查羊群

认真仔细观察羊群动态，每天早上饲喂前观察 1 次，在上午饲喂后，要仔细观察每只羊的采食量、粪便、反刍等情况，特别注意对临产母羊群的观察，防止因人为管理不到位导致羔羊死亡，做到及时发现、及时对症治疗。若出现症状类似、数量较多的情况，要及时报告畜牧兽医部门，做到早发现、早诊断、早处置，避免重大经济损失。舍饲羊四蹄生长快、磨损小，蹄部易变形，产生蹼蹄、跛行，应每 6 个月修蹄 1 次，保证蹄部平整。

5. 合理分群饲养

按照强弱、公母和用途合理分群，科学管理。一般分为种公羊群、母羊群、育肥群、羔羊群、弱羊群，根据不同的生产目的，给予不同的营养标准。经常注意观察羊群，对一些特别强势和弱势的羊给予特别的管理。在饲喂时，由两个以上养殖人员从不同方向同时进行饲喂，弱羊、病羊要单独饲喂，分娩母羊要有专用分娩舍，分娩舍要保暖、透光、通风良好。

（1）加强羔羊管理

羔羊出生后要尽快哺喂初乳，10 天后就可以饲喂易消化的饲草和精料补充料，20 天后可以饲喂容易消化的配合饲料，30 天后将不宜留种的公羔用阉割法或结扎法去势，并开始训练采食量，60 天后及时断奶。在羔羊培育过程中，切忌先喂精料，后喂饲草。

（2）加强母羊管理

在饲喂妊娠母羊时要控制好羊群，羊群出入圈舍时应敞开圈门以防止挤、压、顶造成的机械性流产。按照母羊生产周期，可以分为空怀期、妊娠期、哺乳期，特别要加强妊娠期和哺乳期的饲养管理。一是加强营养，后期一定要供给充足的营养；二是提供相对稳定而舒适的饲养管理环境，不要突然改变日粮组成、群体结构、饲养场所。防止应激反应，严禁剧烈运动和惊吓刺激，在妊娠期间尽量避免注射疫苗和使用驱虫药物，各种疫苗和驱虫药物的使用应尽量选择在空怀期进行。

（3）加强种公羊管理

种公羊要求常年保持上等膘情，体质健壮，精力充沛。种公羊饲喂的饲料要求营养全面，适口性好，精、粗、青搭配，不宜过肥，在配种前 50 天要补充足够的蛋白质和维生素，可以补饲豆类、鸡蛋、胡萝卜等。种公羊要根据季节变化逐步调整日粮配制，冬季提高玉米量，夏季豆类、玉米要减少，以禾本科、豆科青干草为主，适当增加运动，每天驱赶 2~4 h。

6. 羊的保健与防疫

随着季节的变换，羊的生理机能也会随天气的变化而变化，出现一些无病的病症现象。根据经验，一般采用春茵陈（散）、夏消黄（散）、秋理肺（散）、冬健胃（散）的四季管理办法，通过人为饲喂一些中成药调节其生理机能。在春季剪毛抓绒后、秋季上绒之前，进行敌百虫药浴或用伊维菌素进行肌肉注射或给予拌料。

模块 4　不同生产阶段的饲养管理

一、羊的生活习性与营养需要

1. 绵羊的生物学特性

(1) 嗅觉灵敏，适应性强

绵羊有发达的嗅觉，在采食饲料之前，总是先用鼻子嗅一嗅，凡是有异味、污染、被践踏的或混有泥土的饲料均不喜欢采食。绵羊能忍耐营养状况的变化，夏秋牧草丰富时，能在较短时间内迅速增膘；在冬春牧草枯黄时期，也能忍耐饲料的缺乏。绵羊对疾病的反应迟钝，往往在病情很严重时才表现出来。绵羊对生活环境的适应性较强，表现为在恶劣条件下，比其他家畜有更强的耐受性和抗逆能力。

(2) 喜干燥清洁，抗寒而怕炎热潮湿

绵羊喜干燥，怕潮湿和炎热。若棚圈湿热、湿冷或在低洼草地放牧，均易感染疾病，如患寄生虫病和关节炎等。绵羊全身被毛密生，且皮肤厚，故一般不怕冷而怕热。在夏季炎热时，要防止绵羊拥挤在一起，出现“扎窝子”现象，特别是细毛羊更要注意防暑，应将羊群赶至树荫下休息，躲过烈日照射后再放牧。在严寒的冬季也应有棚舍，棚舍应保持干燥，能挡风和避雪。绵羊爱清洁，有时宁愿饿着、渴着，也不食、不饮被污染的饲料和饮水。

(3) 绵羊的采食力强，饲料利用率高

绵羊嘴唇薄而灵活，门齿锐利，能啃食低矮的小草，可采食的植物种类多，约占整个饲喂植物种类的 88%，喜食豆科和禾本科牧草，在枯草期，对落叶和杂草皆能吃。成年绵羊 4 个胃的总容量达到18~23 L，其中瘤胃可容纳80%的饲料，便于大量采食。第一胃除机械作用外，还有大量的细菌和纤毛虫等，能帮助消化饲料中的营养成分。绵羊可以充分利用粗饲料，纤维素消化率可达50%~80%。

（4）性情温顺，合群性强

绵羊胆小，缺乏自卫能力，遇敌不抵抗，只是窜逃或不动。当突然遭到惊吓时，两耳竖起，眼睛睁大，四处乱跑，引起“炸群”现象，放牧时应注意保持环境安静。由于生性懦弱，公羊虽生有大角，却不能自卫，无抵抗能力，必须提防狼等野兽的侵害。绵羊的合群性比任何家畜都强，群羊中只要有“头羊”领先，其他羊可跟随行动，便于大群放牧管理。当羊群出入圈、过桥、过河或通过狭窄处时，只要有“头羊”先行，其余羊只就会尾随争先跟进，故羊群虽大，却易于驱赶和管理。就品种而言，一般粗毛羊合群性最强，细毛羊次之，半细毛羊最差。当然，羊的合群性随季节变化而有所不同。如夏季牧草丰茂，合群性强；冬春季由于争食枯草、树叶等，合群性往往稍差些。

2. 绵羊的营养需要

绵羊和山羊所需要的营养物质，如蛋白质、碳水化合物、脂肪、维生素、矿物质和水等，都靠外界提供。只有合理供给足够的营养物质，才能生产出量多质优的畜产品。羊的营养需要包括维持需要和生产需要。其中，维持需要是指羊为了维持其正常生命活动，即在体重不增减又不生产的情况下，所需要的基本营养物质；生产需要包括生长、繁殖、泌乳、育肥和产毛等生产条件下的营养需要。

（1）蛋白质

蛋白质是一种含氮化合物，它的基本组成是氨基酸，氨基酸的种类有很多，但组成蛋白质的仅有 20 多种。蛋白质是构成羊体组织、细胞的主要成分，是维持生命正常代谢、生长、繁殖和生产等所必需的营养物质。由于羊是反刍动物，能利用瘤胃中的微生物制造氨基酸，合成高品质的菌体蛋白，因此，对饲料蛋白质的品质要求不是很严格。瘤胃微生物能利用非蛋白质含氮化合物（如尿素、铵盐），将之转化为羊体所需要的蛋白质，根据这一特点，可以在羊的日粮中添加适量尿素作为饲料蛋白质的替代品。一般绵羊日粮的蛋白质含量在 10%~14%时，添加尿素的效果最好。

（2）碳水化合物

碳水化合物的主要功用是为机体提供能量，参与黏多糖、糖蛋白等的合成，是维持正常体温和生命活动的必需物质。饲料中的碳水化合物主要是淀粉和纤维性物质，它们主要经羊的瘤胃微生物作用而被分解、吸收。绵羊对粗纤维的消化率可达 50%~80%。

（3）脂肪

脂肪是构成畜体组织的重要成分，神经、肌肉、血液等的组织中均含有脂肪。脂肪可以转化为能量，还可以作为部分维生素（如维生素 A、维生素 D、维生素 E 等）的溶剂。种羊一般不直接补饲脂肪，但杂交羊在育肥阶段可以采用高能日粮。

（4）维生素

维生素包括脂溶性维生素（如维生素 A、维生素 D、维生素 E、维生素 K）和水溶性维生素（如维生素 B 族、维生素 C）两大类。维生素在机体新陈代谢、能量转换和神经调节上起到重要作用。维生素缺乏时，对机体的健康、生长和繁殖力均会产生不良影响，严重时会造成死亡。羊可以通过瘤胃中的微生物合成 B 族维生素，可以通过肠道微生物合成维生素 K。因此，绵羊的饲料中一般只需补充脂溶性维生素 A、维生素 D、维生素 E。特别是在冬春枯草季节和舍饲期、母羊妊娠期和种公羊配种高峰期，要经常在饲料中补充一些胡萝卜、青干草、大麦芽等，也可以直接到当地兽医站购买多种维生素，按说明拌入精料中饲喂。

（5）矿物质

许多矿物质是机体新陈代谢和生命活动的必需物质。营养需要中重要的矿物质主要有钙、磷、镁、钾、钠、氯、硫、铁、铜、锌、钴、碘、硒等，其中最主要的是钙、磷、钠和氯。植物性饲料中所含的钠和氯，不能满足羊的需要，必须在饲料中补充氯化钠（食盐）。同时，补盐还能刺激羊的食欲。一般将食盐和其他需补充的矿物质制成舔砖，任羊自由舔食。在放牧条件较好的季节，可以不必补充钙和磷，但妊娠母羊、哺乳母羊、种公羊和生长发育羊，以及处于舍饲期的羊，须补充一定量的钙和磷。钙、磷含量丰富的矿物质饲料主要有骨粉、磷酸钙等，一般种公羊每日须补骨粉 10 g 左右，其他羊每日须补 5 g 左右。

（6）水

水是动物所需的最重要的营养物质之一，也是最便宜的饲料成分，但往往容易被忽视。体内各种代谢及生命活动过程都需要水的存在和参与。机体失水 10%，代谢就有可能紊乱；失水 20%，动物就有死亡的危险。所以，要保证水的供给并注意饮水卫生。一般绵羊每采食 1 kg 干饲料需要水 2~4 kg。

3. 山羊的生物学特性

（1）山羊生存能力强，抗病能力强

山羊可以在干旱的荒漠、半荒漠地区生活，繁殖后代，甚至许多不适宜饲养绵羊的地方，山羊也能很好地生存，其适应能力比绵羊要强。山羊对蚊蝇的自然抵抗力也优于其他反刍家畜，这说明山羊调节体温、适应生态环境的能力是相当强的。山羊体质强壮，一般不易得病。但是感染传染病或寄生虫病后，在发病初期，由于症状不明显，也不易被察觉，故饲养员在平时喂料或打扫卫生时要留心观察羊群动态，发现异常情况应赶快找出原因，及时采取措施。当山羊发病症状明显时，往往病情已经很严重，治疗效果也不太理想。所以，山羊尽管发病少、抗病力强，但平时仍要多注意预防。

（2）山羊嗅觉灵敏，喜欢干燥清洁，厌恶潮湿

山羊嗅觉灵敏，一般在采食前，总要先用鼻子嗅一嗅。往往宁可忍饥挨饿也不愿吃被污染、被践踏、霉烂变质、有异味的饲料或饮水。因此，饲喂山羊的饲料、饮水一定要清洁、新鲜。对于放牧羊群的草场要根据面积、羊群数量，按照一定顺序轮流放牧。对于舍饲的羊群要在羊舍内设置水槽、食槽和草架。

山羊喜欢干燥的生活环境，舍饲的山羊常常喜欢在地势较高的干燥地方站立或休息。山羊长期生活在潮湿低洼的环境里，往往易感染肺炎、蹄炎及寄生虫病。所以，山羊的羊舍应建在地势高、排水畅通、背风向阳的地方，有条件的养羊专业户还可以在羊舍内建羊床（羊床可距地面10~30 cm），供其休息，以防潮湿。

（3）山羊采食能力强，消化吸收能力强

山羊嘴尖，唇薄，牙齿锐利，是以草料为食的反刍动物。山羊可以采食各种青草、干草、块根、农作物秸秆、灌木嫩叶、树枝树皮及各种无毒的野草。俗话说，羊能吃百样草，就是形容山羊利用饲料的种类和其他家畜相比是相当广泛的，这对充分利用自然资源有着特殊的价值。在对600多种植物的采食试验中，山羊能食用其中的88%，绵羊能食用其中的80%，而牛、马、猪则分别能食用其中的73%、64%和46%，这说明羊的食谱较广，也表明羊对种类单调的饲草料最易感到厌腻。

山羊的瘤胃很大，占到全胃的80%。瘤胃内的微生物品种很多（细菌、真菌和纤毛虫等），能分解饲料中的纤维素，把非蛋白氮转化为菌体蛋白，同时还可以合成维生素。山羊肠道相对长度高于其他家畜，是自身体长的27倍，因此对草料消化充分，对营养物质吸收利用完全，这是其他家畜无法比拟的。因此，山羊比其他草食家

畜具有较强的抗饥饿能力。

（4）山羊性格活泼、好动，合群性强

山羊生性胆大，活泼好动，行动敏捷，不畏艰险，喜欢攀登，善于游走，在其他家畜难以到达的悬崖陡坡上，照样可以行动自如，甚至能将前肢腾空、后肢直立采食牧草或树叶。

山羊放牧时，只要一羊前进，其他羊就会跟随头羊走，因而便于放牧管理。对于大群放牧的羊群只要有一只训练有素的头羊带领，就较容易放牧。头羊可以根据饲养员的口令，带领羊群向指定地点移动。山羊喜欢群居，一旦掉队失群，则鸣叫不断，寻找同伴，此时只要饲养员适当呼唤，便可立即归队，很快跟群。一般来讲，山羊的合群性好于绵羊。

（5）山羊的繁殖力强

山羊是多胎动物，大多数品种均可一年产两胎或两年产三胎，每胎可产 1~3 只羔，多者可达 5~6 只羔，故繁殖周期短，繁殖率高，这对于扩繁增量，加快发展非常有利。

4. 山羊的营养需要

（1）山羊的青粗饲料

山羊能充分利用各种粗纤维饲料，包括青绿饲料和粗饲料。

1）青绿饲料。各种藤刺灌丛、树叶野草、栽培牧草。如禾本科的黑麦草、扁穗雀麦、饲用燕麦等，豆科的紫云英、箭舌豌豆、紫花苜蓿、红三叶、白三叶等，都是山羊的好饲料。豆科牧草和树叶，是蛋白质的重要来源。豆科牧草不宜空腹饲喂，应与禾本科等其他牧草按 1/4~1/3 的比例混喂，量不宜过多，以免瘤胃臌气。

2）粗饲料。主要是各种干草、农作物秸秆、秕壳等。特别是黄豆秸秆、荚壳，花生藤、叶等营养价值较高，是山羊越冬及草料枯竭时的主要补充饲料。油菜秆、玉米芯等粉碎后，也可以拌适量精料饲喂山羊。这些粗饲料经氨化等方法加工处理后，可以提高营养价值。

粗饲料的干贮品，也可以与羟甲基尿素（缓释尿素）等营养型添加剂、能量精料等混合后饲喂山羊，可显著地提高补饲的营养效果。

（2）山羊的多汁饲料

各种块根、块茎、瓜类、蔬菜类、青贮饲料，都是山羊喜食的饲料。饲喂多汁饲料应注意两点：一是要补充蛋白质的不足；二是要注意防止红薯、马铃薯等的黑斑病、龙葵素和亚硝酸盐中毒。多汁饲料每只羊每天应喂 0.5~1 kg，并应由少到多饲喂。

（3）山羊的精料

使用传统方法饲养山羊，很少补饲精料。为了养好山羊，应在充分放牧的情况下，补饲精料，特别是妊娠母羊、哺乳母羊、羔羊、商品羊育肥后期及羊群越冬时，补饲更加重要。

用豆类（黄豆等）补饲，应煮熟或者炒熟，能提高蛋白质的消化利用率，各类谷物、籽实、饼渣、粮油副产品，都可作为羊的精料。有的饼类，如油菜饼、棉籽饼等含毒，应采用坑埋、水泡等方法处理脱毒后再与其他谷物精料混合饲喂，效果更好。

喂给精料的数量、补饲的时间，应视羊的产羔状况（多羔或单羔）、养羊专业户的条件和能力，并结合养羊成本核算等情况综合而定。

（4）矿物质饲料及维生素

1）矿物质饲料。山羊的矿物质饲料主要补给钙、磷、钾、钠、镁、锌等，其中以补给钠（食盐）最必需，每只羊每天补给 2~10 g，食盐过量会引起中毒。矿物质饲料缺乏，会引起各种缺乏症，所以，在山羊饲养中，应注意平衡供给。

2）维生素。山羊的瘤胃可合成 B 族维生素和维生素 K 等，但不能合成维生素 A、维生素 D、维生素 E 等。满足山羊对维生素的需要，对养好山羊十分重要。山羊缺乏维生素会引起食欲减退、视力减退、夜盲症、体质虚弱、流涕、黏膜角化、抗病力差、羔羊畸形、公羊精子异常等症；维生素 D 有助于钙的吸收，对防止骨质疏松、产后瘫痪、缺钙、缺磷有作用，日照可以满足维生素 D 的日常需要；维生素 E 与硒的代谢有关，山羊保持正常繁殖力需要这两种物质，维生素 E 不足，可引起山羊肌肉营养不良，称为“白肌病”，产羔母羊可能出现胎衣不下、子宫产后收缩复位差等症状。

一般说来，只要山羊充分放牧，采食青绿饲料，维生素和矿物质的需求量基本上是可以满足的。

（5）添加剂

1）营养性添加剂。山羊最常用、最重要的营养性添加剂是饲用缓释尿素，如羟甲基尿素、磷酸尿素、金维蛋白等，产品均安全、有效。用 100 g 羟甲基尿素配合 300 g 玉米粉的混合料，可提供相当于 500 g 黄豆的蛋白质量，以拌和粗饲料喂山羊效果最为显著。拌和粗饲料的蛋白质含量应达到 11%，饲喂非蛋白氮添加剂应补给能量饲料。也可以直接用尿素饲喂山羊，但要严格控制数量，并注意饲喂方法，否则会引起中毒。每日尿素用量按山羊体重每 5 kg 饲喂 1 g，最大量不能超过 15 g，即山羊个体再大也不能超 15 g，且分两次饲喂，饲喂时可以混在精料中，不能溶解在水里，喂后 1～2 h 内不能饮水。添加尿素时应由少到多，几天后才能逐渐达到添加量。若山羊发生尿素中毒，可灌服食醋解毒。

2）非营养性添加剂。主要指各类生长促进剂，如“生长素”“瘤胃素”“生物酶制剂”等。通过对生理机能的调节，提高营养物质的利用率，促进新陈代谢，达到促进山羊生长、增加羊肉产量的目的。

各种添加剂的应用，一定要注意对人、畜无害，符合国家食品卫生检验的相关标准要求。

二、种公羊的饲养管理

1. 饲养方法

种公羊所喂的饲料应因地制宜、就地取材，既要求富含蛋白质、维生素和矿物质，同时要求品质优良、易消化、体积小和适口性好。为达到营养均衡，种公羊的日粮组成应多样化，至少应包含优质粗饲料、青贮饲料、多汁饲料和精料等。适宜种公羊的精料有大麦、燕麦、玉米、饼粕、糠麸等；多汁饲料主要有胡萝卜；粗饲料有苜蓿干草、青干草等。种公羊的饲养分为配种期饲养和非配种期饲养。

（1）配种期饲养

对实施自然交配的羊群，种公羊配种期包括配种预备期（配种前 1~1.5 个月）、配种期和配种后复壮期（配种后 1~1.5 个月）。

1）配种预备期。应逐渐提高营养水平，增加混合精料量。混合精料量先按配种期精料量的 60%~70% 给予，并逐渐增加到配种期的精料量。同时，每隔 2~3 天采精一次，检查精液品质，以确定每只公羊在配种期的利用强度。

2）配种期。配种期除放牧外，饲料补饲量大致为：混合精料 0.8~1.2 kg，胡萝卜 0.5~1.5 kg，青干草 2 kg，食盐 15~20 g，骨粉或磷酸氢钙 5~10 g。饲料分 2~3 次饲喂，每日饮水 3~4 次。配种任务繁重时，可以每日给鸡蛋 1~2 枚或牛奶 0.5~1 kg。

全年配种或采精种公羊的饲养管理，参照配种期的饲养管理，但种公羊每年至少要休息 2 个月，并采取隔日采精或连续采精 3 天、休息 2 天的方式，以延长种公羊的利用年限。

3）配种后复壮期。饲养重点是恢复体力，增膘复壮，其日粮标准和饲养制度要逐渐过渡到非配种期。初期精料不减，增加放牧时间，经过一段时间后再逐渐减少精料，直至过渡到非配种期的饲养标准。

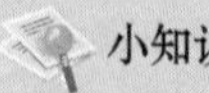
小知识

配种期种公羊混合精料的参考配方为：玉米 40%~50%，麸皮 15%~20%，熟豆饼或炒黄豆 20%~25%，菜籽饼（熟）5%~6%，棉籽饼（熟）5%~6%，骨粉或磷酸氢钙（脱氟）1%~1.5%，食盐 1%~1.5%，肉羊饲料添加剂或含硒微量元素添加剂 1%~1.5%，碳酸氢钠 0.5%~1%。

（2）非配种期饲养

种公羊在非配种期虽然没有配种任务，但仍不能忽视饲养管理工作。除放牧采食外，应补充足够的能量、蛋白质、维生素和矿物质。对体重 80~90 kg 的种公羊，在冬季和早春时期一般每日补给混合精料 500 g、干草 3 kg、胡萝卜 0.5 kg、食盐 5~10 g、骨粉或磷酸氢钙 5 g。春夏过渡期精料不减，增加放牧或运动时间。夏秋季节以放牧为主，除个别体况差的以外，一般不需要补饲。

（3）注意事项

1）环境。饲养员必须爱护种公羊，要保持羊舍的清洁和安静，不得惊吓或殴打种公羊，注意掌握种公羊的生活习惯，保持饲料、饮水清洁。

2）适当运动。运动对种公羊的繁殖能力有很大的影响，充足的运动是保证种公羊活泼健壮、性欲旺盛、膘情适中、生产高品质精液的重要条件。因此，种公羊最好采用放牧方式饲养，舍饲羊场应设置运动场，每天至少保证 2 h 以上的强制驱赶运动。

3）单独饲养。为加强饲养管理，种公羊应单独组群，由专人负责饲养管理，不得与母羊混群饲养，以保证种公羊旺盛的性欲。

4）合理利用。实施自然交配时，繁殖季节每天最多可配种 2 次，每周至少休息 2 天；采用人工授精时，繁殖季节每天最多采精 1 次，每周至少休息 2 天。对于常年生产冷冻精液的种公羊，每两天采精 1 次。无论何种利用强度，每周至少要进行 1 次精液品质检查，一旦发现精液品质降低，应立即调整利用强度。种公羊采精要固定人选，不可随意换人、换场地。

5）注意观察。采精和运动后要适当休息再饲喂，并注意观察种公羊的采食、饮水、运动及粪、尿的情况，发现异常及时采取相关措施。

6）防暑降温。羊耐寒怕热，应注意种公羊夏季的防暑降温，由于夏季环境温度高，种公羊极易出现性欲低下、精液品质大幅度降低的夏季不育现象。在放牧饲养时，应采取早、晚放牧的方式避暑。在舍饲饲养时，应加强羊舍通风，同时采用适当的降温措施，如运动场外植树、加设遮阳棚等。舍饲种公羊在炎热季节要实施降温措施：一是用冷水冲洗运动场和羊舍地面；二是冲洗睾丸。冲洗羊舍用水量要少，防止过度潮湿。

7）刷拭、修蹄。刷拭羊体可以增加羊的血液循环，保持羊体卫生，促进新陈代谢。刷拭羊体可以每天进行 1 次或两天进行 1 次，工具可以用棕刷、旧扫把、旧钢锯、旧木工锯条等，顺序一般是从前到后、从上到下，可以在饲喂后进行。

8）初次配种的种公羊要进行诱导和调教。当其他种公羊配种或采精时让其在旁观摩，或人为诱导让其爬跨发情母羊，经过一定时间的训练即能配合采精。

2. 日常管理

（1）保证饲料的多样性，营养全面。

（2）混合精料不可少，适当补充矿物质饲料。

（3）注意补充蛋白质和维生素。

（4）保持适当光照和运动，防止肥胖。

（5）专人管理，单独饲养。

三、繁殖母羊的饲养管理

1. 空怀期的饲养管理

空怀期是指羔羊断奶后至母羊再次配种前的时期，即为恢复期。我国各地由于产羔季节不同，空怀期的时间也有所不同，产冬羔的母羊空怀期一般在5—7月，产春羔的母羊空怀期在8—10月。该阶段母羊的饲养任务是使其尽快恢复中等以上体况，以利配种。中等以上体况母羊发情期的受胎率可以达到80%~85%，而体况差的只有65%~75%。因此，应根据哺乳母羊的体况进行适当补饲和羔羊的适时断乳，尽快使母羊恢复体况，注意保证中等膘情。

（1）饲喂技术

空怀期的母羊不配种也不受孕，营养需要量较低。放牧母羊只要抓紧时间充分放牧，即可满足营养需要。对于育成母羊，发情配种前仍处在生长发育阶段，需要供给较多的营养；泌乳力高或带双羔的母羊，在哺乳期内的营养消耗大、掉膘快、体况弱，必须加强补饲，以尽快恢复母羊的膘情和体况。在舍饲时，应按空怀期母羊的饲养标准配制日粮进行饲喂。

（2）管理技术

在配种前1~1.5个月，对放牧饲养的母羊，应安排在牧草繁茂的草地放牧，延长放牧时间，促进抓膘，使体况较差的母羊快速复壮，促进母羊在繁殖季节发情配种，提高受胎率，增加双羔率。

对于放牧加补饲及舍饲饲养的母羊，挑出年龄偏大、体况弱、高产母羊，在配种前1.5个月进行短期优饲。短期优饲的方法：一是延长放牧时间；二是除放牧外，还应适当补饲精料。

2. 妊娠期的饲养管理

（1）妊娠前期

妊娠前期因胎儿发育较缓慢，所需营养与空怀期基本相同，此期的饲料质量要好。放牧饲养的母羊，秋季配种以后牧草处于青草期或已结籽，营养丰富，母羊只靠放牧饲养即可；若配种季节较晚，牧草已枯黄，则应给母羊补饲，日粮组成一般为苜蓿 50%、青干草 30%、青贮玉米 15%和精料 5%。如果是舍饲，日粮配比与空怀期相同。

（2）妊娠后期

妊娠后期的母羊，胎儿生长迅速，所增重量占羔羊出生重的 90%，营养物质的需要量很大。在妊娠后期，一般母羊要增加 7~8 kg 的体重，因此，单靠放牧是不够的，必须给予补饲。在放牧条件下，每羊每天一般补饲混合精料 0.4~0.6 kg，夜间补饲优质青干草，任其自由采食。在冬春季节，如果缺乏优质青干草，每日应补饲胡萝卜 1 kg。母羊舍饲时，每天喂青干草 1 kg，禾本科秸秆 0.4 kg，青贮玉米 2.5 kg，精料 0.3 kg。

小知识

母羊补饲精料中各种原料的参考用量为：玉米 50%~70%，麸皮 10%~20%，熟豆饼 15%~20%，熟菜籽饼 5%~6%，熟胡麻饼或棉籽饼 5%~6%，骨粉或磷酸氢钙（脱氟）1%~1.5%，微量元素添加剂 1%~1.5%，食盐 1%~1.5%。

3. 哺乳期的饲养管理

（1）哺乳前期（羔羊 2 月龄前）

哺乳前期的母羊，因泌乳旺盛，营养需要量很大。而在大多数地区，母羊的哺乳前期一般正处在牧草枯草期或萌发期，单靠放牧显然满足不了营养需要。因此，对于哺乳前期的母羊，要求以补饲为主，放牧为辅。应根据母羊的体况及所带单羔、双羔的情况，按照营养标准配制日粮进行饲养。

一般情况下，产单羔母羊每日补饲混合精料 0.3~0.5 kg，优质青干草最好是豆科牧草 1～1.5 kg，多汁饲料 1.5 kg。产双羔母羊每天补饲精料 0.6～0.8 kg，青干草、苜蓿干草各 1 kg，多汁饲料 1.5 kg。

（2）哺乳后期（羔羊 2 月龄后）

哺乳后期的母羊，泌乳能力下降，即使增加补饲量也难以达到泌乳前期的水平。此时，羔羊的胃肠功能也趋于完善，可以食用青绿饲料、粗饲料，而不再主要依靠母乳生存。因此，对泌乳后期的母羊，以恢复体况为主要目的，应以放牧采食为主，逐渐取消补饲。若处于枯草期，可以适当补喂青干草。

四、羔羊的饲养管理

1. 产羔母羊管理

（1）母羊临产前准备

饲养员要认真观察母羊的表现与症状，做好临产前的准备工作。

1）产房的准备。在进产房之前须将产房进行彻底清扫、消毒，铺好垫草，保证产房阳光充足、空气新鲜，舍内温度保持在 5 ℃以上并防止贼风，温度过低的产房应添置取暖设备。

2）待产母羊的处理。母羊应在产前 3～5 天进入产房，每只母羊应占 2 m^2 的面积。产前母羊可饮淡盐水或喂给麸皮等倾泻性的饲料。同时，用高锰酸钾水清洗乳房和外阴部，剪掉乳房周围的体毛。

3）助产用具的准备。产羔期间应备好产箱，箱内应备有碘酊、药棉、线绳、剪刀、毛巾、纱布条等。

4）助产人员的准备。助产人员应受过专门的培训，熟悉母羊分娩生理规律。

（2）母羊接产技术

在正常情况下，母羊产羔一般无须助产，应让母羊自己顺利产出羔羊，以免造成阴道和子宫感染。在这种情况下，接产的主要工作包括：

1）擦黏液。在羔羊产出后，要把羔羊口腔、鼻和耳内的黏液掏出并擦干净。羔羊身上的黏液，最好能让母羊自己去舔净，这样有助于增强母子间的亲密关系。如果母羊的母性较差，可以将羔羊身上的黏液涂到母羊的嘴上，并设法引诱母羊去舔羔羊。

2）断脐带。羔羊出生后，脐带通常能自行扯断，只需用碘酊消毒即可。如果脐带不能自行扯断，可以在距羔羊肚脐根部5.0 cm左右处人工剪断，并涂擦5%碘酊消毒，防止脐带感染。

3）胎衣的处理。母羊分娩后约1 h，胎衣便能自然地脱落并排出母羊体外。胎衣排出后，一定要及时捡出和深埋，不要让母羊吞食，以免造成母羊吃子的恶习。

4）助产。母羊在分娩时常常因为其骨盆狭窄、阴道过小、体弱，或胎位不正、胎儿过大等原因造成难产。在胎水破出后30 min左右，母羊努责无力，羔羊产不出来时，应马上实施助产。

对于胎位不正的助产，是将母羊的后躯垫高，把羔羊露出的部分送回子宫内，手随之进入产道，矫正胎位，然后将母羊身躯放平，再随着母羊的努责节律，将胎儿拉出。正胎位的表现是，羔羊的前蹄向下，抱着头与嘴露出母羊阴门。如有以上表现不一样的情况，均为胎位不正，一般都要先正位后再帮助母羊把胎儿顺利地产出。

如果因胎儿过大而难产，可以将羔羊的两前肢拿住，将胎儿拉出再送入，如此反复几次。然后，再一手拉住羔羊的两前肢，另一手扶住羔羊头，随母羊努责，慢慢地向后下方拉出。在操作时千万不要用力过猛。

5）假死羔羊的急救。假死羔羊产出后，表现为发育正常，心脏有跳动，但不呼吸。产出的羔羊如果出现假死的情况，应立即提起羔羊的两后肢，使其悬空倒挂，轻轻拍击其背、胸部；也可以让羔羊仰卧，用两手有节律地推压其胸部两侧。属于短时假死的羔羊，在经过这两种方法处理后，一般都能恢复。对于因受冻而假死的羔羊，应立即移入暖室并进行温水浴。温水浴的方法是：将羔羊放入38 ℃的温水内，使其头露出水面，严防呛水，然后把水温逐渐升至45 ℃，浸泡20~30 min，羔羊便可以恢复。

（3）产后母羊管理

母羊在分娩的过程中体能消耗大，失去的水分多，新陈代谢下降，抵抗力减弱。此时，如果对母羊的护理不当，不仅会影响母羊身体的健康，还会造成缺奶，使生产性能下降。

对产后母羊的护理，应注意保暖、防潮，避免母羊受风和感冒；要保持产圈干燥、清洁和安静。产羔后1 h左右，应给母羊1~1.5 L温水或豆浆水，切忌喝冷水。同时要饲喂少量的优质干草或其他粗饲料。分娩后的前3天尽量不喂精料，以免发生乳腺炎。饲喂精料时，要先少量再逐渐增多。随着羔羊吃初乳的结束，精料量可以逐渐增至预定量。

2. 羔羊管理

（1）保温防寒，适当运动；安全接产，隔离放养。

（2）及时吃上初乳，一般为出生后0.5 h内。安排好羔羊吃奶时间。

（3）搞好环境卫生，减少疾病发生。严防拉稀，谨慎用药。

（4）为了方便选种、选配并进行科学的饲养管理，需要对羔羊进行编号。羔羊出生后2~3天，结合初生鉴定，即可进行个体编号。编号的方法主要有耳标法、刺字法和剪耳法等。

3. 羔羊培育

羔羊的培育，不仅影响其生长发育，而且影响其终生的生长和生产性能。加强培育，对提高羔羊成活率，增强羊群品质具有重要的作用，因此，必须高度重视羔羊的培育。

（1）初乳期（产后 5 天内）

母羊产后 5 天内分泌的乳汁称为初乳，它是羔羊出生后唯一的全价天然食物。初乳中含有丰富的蛋白质（17%～23%）、脂肪（9%～16%）等营养物质和抗体，具有营养、抗病和轻泻作用。羔羊初生后及时吃到初乳，对增强体质、抵抗疾病和排出胎粪具有很重要的作用。因此，应让初生羔羊尽量早吃、多吃初乳，吃得越早、吃得越多，增重越快、体质越强，且发病少，成活率高。

（2）常乳期（产后 6～60 天）

这一阶段，奶是羔羊的主要食物，辅以少量草料。从初生到 45 日龄，是羔羊体长增长最快的时期；从出生到 75 日龄是羔羊体重增长最快的时期。此时母羊的泌乳量虽然也高，营养也很好，但羔羊仍要早开食，训练其吃草料，以促进前胃发育，增加营养的来源。一般从 10 日龄后开始给草，将幼嫩青干草捆成把吊在空中，让小羊自由采食。出生后 20 天开始训练吃料，在饲槽里放上用开水烫后的半湿料，引导小羊去啃，反复数次小羊就会吃了。注意烫料的温度不可过高，应与奶温相同，以免烫伤羊嘴。

（3）奶、草过渡期（2 月龄至断奶）

2 月龄以后的羔羊逐渐以采食为主，哺乳为辅。羔羊能采食饲料后，要求饲料多样化，根据个体发育情况随时调整，以促使羔羊正常发育。日粮中可消化蛋白质以 16%～30%为宜，此时的羔羊还应适当运动。随着日龄的增加，把羔羊赶到牧地上放牧。母子分开放牧有利于增重、抓膘和预防寄生虫病，断奶的羔羊在转群或出售前要全部驱虫。

五、育成羊的饲养管理

育成羊是指从断奶后到第一次配种前的公母羊，多为 3～18 月龄，特点是生长发育较快，营养物质需要量大，如果此期营养不良，就会显著影响其生长发育，从而形成个头小、体重轻、四肢高、胸窄、躯干浅的体形。

1. 育成前期及中期的饲养管理

（1）精料配方1

玉米68%，花生饼12%，豆饼7%，麸皮10%，磷酸氢钙1%，添加剂1%，食盐1%。

日粮组成：精料0.4 kg，苜蓿0.6 kg，玉米秸秆0.2 kg。

（2）精料配方2

玉米50%，花生饼20%，豆饼15%，麸皮12%，石粉1%，添加剂1%，食盐1%。

日粮组成：精料0.4 kg，青贮饲料1.5 kg，干草或稻草0.2 kg。

2. 育成后期的饲养管理

（1）精料配方1

玉米45%，花生饼24%，葵花饼13%，麸皮15%，磷酸氢钙1%，添加剂1%，食盐1%。

日粮组成：精料0.5 kg，青贮饲料3 kg，干草或稻草0.6 kg。

（2）精料配方2

玉米80%，花生饼8%，麸皮10%，添加剂1%，食盐1%。

日粮组成：精料0.4 kg，苜蓿0.5 kg，玉米秸秆1 kg。

六、奶山羊的饲养管理

1. 产奶母羊的饲养管理

（1）泌乳初期（产后20天）

泌乳初期也称恢复期，母羊产后不久，腹部空虚，体质虚弱，产道尚未完全恢复，乳腺及循环系统机能还不正常，此期饲养以恢复母羊体质为目的。

母羊食欲逐渐旺盛，但消化能力弱，应喂给优质青干草，任其自由采食，3~5 天后可以喂多汁饲料和精料。

根据母羊体况、乳房膨胀程度、食欲表现、粪便的形状和气味，灵活掌握精料和多汁饲料的饲喂量，每天增加精料的量不要超过 0.2 kg，每只每天总饲喂量为 0.5~0.7 kg。精料和多汁饲料有催奶的作用，给得过早或过多，都会影响母羊体质和生殖器官的恢复，轻者会造成食滞和消化不良，影响泌乳量，严重者会伤害终身消化能力。

在管理上，要避免羊产后吞食胎衣，否则轻者影响产奶量，重者伤及终身消化能力。为促进产道恶露尽快排净和生殖器官早日恢复，产后可饮益母红糖汤（益母草粉 30 g、红糖 60 g、水 1 000 mL 煎服，每日一次，连服 3 日）。为使体质得以恢复，也可以在母羊产后 5~6 天内喂盐钙汤（麸皮 100 g、食盐 5 g、碳酸钙 5 g、温水 1~2 L）。对乳房水肿的高产羊，在产羔 5 天以后，要注意运动，按摩和热敷乳房，每次 3~5 min，使水肿尽快消失。

（2）泌乳高峰期（产后 20~120 天）

泌乳初期后母羊的体力已基本恢复，为促进产奶量要进行催奶，何时催奶要根据母羊的体质、消化功能和产奶量决定，一般在产后 20 天左右进行，过早会影响母羊体质恢复，过晚则影响产奶量。

催奶方法：从产后 20 天开始，在原精料喂量（0.5~0.7 kg）的基础上，每天增加 50~80 g 精料，只要奶量不断上升，就连续增加，直至奶量不再上升，就停止加料。一般可以达到每 1 kg 奶对应 0.4~0.5 kg 精料，将该精料量维持 5~7 天，然后根据泌乳标准供给即可。

催奶要前看食欲（是否食欲旺盛），中间看奶量（是否持续上升），最后看粪便（是否拉软粪）。催乳期间羊要始终保持食欲旺盛。

泌乳母羊干物质采食量占体重的 3%~5%，精料粗蛋白含量以 12%~16%为宜。利用禾本科粗饲料时，精料中粗蛋白含量为 14%~16%；利用豆科粗饲料时，精料中粗蛋白含量为 12%~14%，粗纤维为16%~18%，钙为0.6%~1%，磷为0.4%~0.5%，钙磷比以1.5∶1为宜。

（3）泌乳稳定期（产后120~210天）

产奶量逐渐下降，每日递减5%~7%。应采取各种有效措施，使产奶量稳定地保持一个较长的时期，否则产奶量一旦下降就不易再上升。因此，此期的饲养管理要坚持不随意改变饲料、饲养方法和工作日程，以免使产奶量急剧下降。

精料量较以前减少，依据产奶量、膘情、年龄等情况调整精料，特别是低产母羊，精料过多会造成母羊肥胖，影响配种。

（4）泌乳后期（产后210~300天）

此时正值9—11月。由于气候、饲料的变化，尤其是受到发情与妊娠的影响，产奶量显著下降。为使产奶量下降得慢一些，精料减少要迟于产奶量下降，应多喂优质精料，保证营养的全价性。

（5）干奶期

1）干奶前期。按50 kg体重每天产1.5 kg奶的饲养标准饲喂，粗饲料和多汁饲料不宜多喂，以免引起早产。

2）干奶后期。对于初产和高产母羊可以采取引导饲养法。

在原精料喂量的基础上，增加到每100 kg体重能吃到1.5~2 kg精料，母羊分娩后仍需要维持或增加精料的喂量，直到母羊泌乳高峰。除增加精料外，优质青干草应任其自由采食，还应喂适量多汁饲料，从而避免母羊出现消化不良。

小知识

干奶后期在产羊4~7天，乳房过度膨胀或水肿严重时，可以适当减少精料及多汁饲料的喂量。只要乳房不发硬，则可以照常饲喂多汁饲料。产前2~3天，日粮中应加入麸皮等轻泻性饲料，防止便秘。

2. 羔羊的饲养管理

（1）羔羊的培育

1）1 天内的初乳喂量，至少应为其体重的 1/5，日喂初乳不宜少于 4 次，此时日增重可以达 200~220 g。

2）出生后 40 天内，奶是这阶段的主要饲料，但为了尽早锻炼羔羊肠胃消化草料的机能，应从 15 日龄开始给草，20 日龄开始喂料。

3）出生后 40~80 天，是奶与草料并重的阶段，如羔羊体重已经达到或超过标准要求，则可以酌情用干草替换精料。

4）出生后 80~120 天断奶，此阶段应以草料为主，奶已退居次要地位。

（2）注意事项

1）一昼夜的最高哺乳量，母羔不超过体重的 20%，公羔不超过体重的 25%。

2）哺乳量与体重的关系

①在体重达到 8 kg 以前，哺乳量随着体重的增加逐渐增加。

②体重在 8~13 kg，哺乳量不变，应尽量促其采食草料。

③体重达 13 kg 以后，哺乳量逐渐减少，草料逐渐增加。

④体重达 18~24 kg 时，可以断奶，以防喂得过肥，损害体质，对以后产奶不利。

3）在哺乳期间，饲喂优质豆科牧草等比较好的草料，只要能按期完成增重指标，就可以酌情减少哺乳量，缩短哺乳期。

4）如以脱脂奶代替全奶，最早须从出生后第二月起，日粮中要有充足的豆科牧草，不致影响增重计划。

3. 育成羊的饲养管理

（1）育成羊的培育

育成羊全身各系统和各组织都在持续旺盛地生长发育，体重和躯体的宽度、深度与长度也在迅速增长，这对羊的体质、采食量和将来的泌乳能力都有深远影响。

1）出生后 4~6 个月，仍须注意精料的喂量，每日约喂混合精料 300 g，其中可消化粗蛋白的含量不可低于 15%~16%。

2）满 1 岁之后，如青绿饲料质量高、喂量大，可以少给精料，甚至不给精料。

3）在育成羊培育阶段，严禁出现体态臃肿、肌肉肥厚、体格短粗的羊只，但仍要求羊只增重快、体格大。

（2）注意事项

1）日粮以优质干草和青贮饲料为主，适当搭配精料和多汁饲料，切忌酸度过高，严格控制酒糟喂量，每日补饲 15~20 g 骨粉和食盐；补饲定量的维生素 E 和硒。

2）要尽量创造运动和日光浴的条件，采取系留放牧或定时驱赶运动。

3）要严格执行各项保胎措施，以防流产或早产。

七、绒山羊的饲养管理

1. 绒纤维的生长特点与规律

绒纤维的生长具有明显的季节性规律。当日照由长变短时，绒纤维开始萌发生长，随着日照的递减，绒纤维生长速度加快，最快生长期在 8—11 月，其中 9 月生长最快。冬至以后，当日照由短变长时，绒纤维生长变慢，至 2 月基本停止生长。

国内外大量研究表明，绒纤维生长主要在短日照期内。

2. 绒山羊的日常管理

（1）繁殖母羊的管理

繁殖母羊的饲养管理条件必须常年保持在良好的状态，以完成各项生产任务，如配种、妊娠、哺乳和提高产绒量等。

母羊空怀期，主要任务是使其体况得到良好的恢复，并在配种前进行短期的优饲，以促进发情，每只每天可酌情补饲 0.2~0.3 kg 的混合精料。

母羊妊娠前期，一般持续 3 个月，每天饲喂优质干草和青贮饲料，同时根据膘情适当补饲；在母羊妊娠后期，持续 2 个月，一般每天补饲 0.3~0.6 kg 的混合精料，禁止饲喂冰冻和发霉变质的饲料。日常管理中不惊扰母羊，确保饮水清洁卫生，禁止饮用冰冻水，防止发生流产。

母羊哺乳期，一般持续 3~4 个月，前 2 个月为哺乳前期，后 2 个月为哺乳后期。哺乳前期，羔羊的主要营养来源于母乳，为此应保证对母羊进行全价饲养，主要饲喂优质青草和干草，适量喂给多汁饲料和精料，以提高其泌乳量；哺乳后期，饲喂母羊的优质干草量为体重的 1.0%~1.5%，适量饲喂精料，还要尽可能增喂适量的青贮饲料、青草和块根茎类饲料。一般产单羔的母羊，每天补饲 0.3~0.4 kg 的混合精料；产双羔的母羊，每天需要补饲 0.5~0.6 kg 的混合精料。

（2）羔羊的管理

羔羊出生后要确保其尽早吃到初乳；10 日龄开始进行采食草料的训练，并做到定时、定量，每只每天补饲 50~100 g 精料；1~2 月龄以后，使其逐渐转变为以采食为主，适量哺乳，每天 2 次饲喂，补饲 150 g 精料；3~4 月龄，每天饲喂 2~3 次，补饲 200 g 精料；4 月龄前进行断奶，并与母羊分开饲养。羔羊出生后，一般在第 3 天开始补硒，肌肉注射 1 mL 的 0.1%亚硒酸钠溶液，15 天后再注射 1 mL。羔羊不宜饲喂水分过多或体积过大的饲料。

模块 5　羊的育肥技术

一、羔羊育肥

出生后 1 岁内，完全是乳齿的羊屠宰后的肉称为羔羊肉。乳羔肉是指断奶前屠宰的羔羊肉。肥羔肉是指断奶后转入育肥，体重大约为 32 kg 的 4~6 月龄屠宰的羔羊肉。

1. 育肥羔羊生产的特点

（1）羔羊肉质具有鲜嫩、多汁、瘦肉多、脂肪少、味美、易消化及膻味轻等优点，深受消费者的青睐。市场需求量大、行情好、价格高，在某些地方比成年羊肉价高 1/3~1/2。

（2）6~9 月龄宰杀的羔羊，羔羊皮质量好、价格高。

（3）育肥羔羊生长快，生产成本低，饲料报酬高。1~5 月龄的羔羊体重增长最快，其饲料报酬比为 3∶1~4∶1，而成年羊的饲料报酬比为 6∶1~8∶1，在饲料上可以节省近一半的量。

（4）育肥羔羊当年出生、当年育肥、当年屠宰，提高了出栏率及出肉率，缩短生产周期，当年就能获得最大的经济效益，便于组织专业化、规模化、集约化生产。

（5）育肥羔羊生产是适应饲草季节性变化的有效措施，羔羊当年屠宰减轻了越冬期人力和物力的消耗，避免了冬季掉膘甚至死亡的损失。

（6）由于不养羯羊，压缩了羯羊的饲养量，从而改变了羊群的结构，大幅度提高了母羊的比例，有利于扩大再生产，可获得更高的经济效益。

2. 羔羊生长发育的特点

羔羊阶段是羊生长发育的第二高峰，生理代谢机能旺盛，无论是机体的绝对生长速度还是相对生长速度都较快，对饲料的利用效率较高，育肥的成本相对较低，经济效益高。通常早熟肉用品种羊在生长最初 3 个月内的骨骼发育最快，此后变慢、变粗，4~6 月龄时，肌肉组织发育最快，以后几个月脂肪组织的增长加快，到 1 岁时肌肉和脂肪的增长速度几乎相等。按照羔羊的生长发育规律，周岁以内尤其是 4~6 月龄以前的羔羊，生长速度快，平均日增重一般可以达 200~300 g。如果从羔羊 2~4 月龄开始，采用强度育肥的方法，育肥期 50~60 天，其育肥期内的平均日增重能达到或超过原有水平，这样羔羊长到 4~6 月龄时，体重即可达到成年羊体重的 50% 以上。

3. 羔羊早期育肥

（1）哺乳羔羊育肥

哺乳羔羊育肥，羔羊不提前断奶、保留原有的母子对、提高隔栏补饲水平，3 月龄后挑出达到屠宰体重的羔羊（山羊 20 kg、绵羊 25~27 kg）出栏上市，达不到者断奶后仍可转入一般羊群继续饲养。这种育肥方式利用母羊的全年繁殖，安排秋季和冬季产羔，可生产元旦和春节等节日特需的羔羊肉。

哺乳羔羊育肥技术要点：

1）饲料配制。母羊哺乳期间每天喂足量的优质豆科干草，另加 500 g 精料。羔羊补饲饲料的配制以玉米为主，适当搭配豆饼或炒黄豆、食盐、维生素和矿物质添加剂。另外供给优质苜蓿干草，干草品质不佳时，日粮中应添加 50~100 g 蛋白质饲料。

2）饲喂技术。哺乳羔羊育肥基本上以舍饲为主，母子同时加强补饲。对羔羊应及早隔栏补饲，且越早越好，一般在 10 日龄开始补饲，一天 2 次，每次喂量以 20 min 吃尽为宜。提供优质苜蓿干草，由羔羊自由采食。

3）适时出栏。3 月龄后，从羔羊群中分批挑出达到屠宰体重的羔羊（山羊为 20 kg、绵羊为 25~27 kg）出栏上市。不够屠宰标准的羔羊留群继续饲养，一直到 4 月龄断奶时为止。断奶后再转入舍饲育肥群继续饲养，进行短期强度育肥。不做育肥的羔羊，可以优先转入繁殖群饲养。

（2）早期断奶羔羊育肥

早期断奶羔羊育肥是指羔羊在 45~60 天断奶，采用全价料育肥，育肥期为 50~60 天，到 120~150 日龄活重达 30 kg 左右时屠宰上市。

羔羊出生后 3 个月内生长最快，羔羊头、蹄、毛、内脏等非胴体组成部分随体重和日龄的增加而增加，早期育肥可以使胴体组成部分的增重大于非胴体部分，有较高的屠宰率。3 月龄之前，瘤胃发育不完全，微生物作用很弱，消化方式与单胃家畜相似，固体谷粒特别是整粒玉米通过瘤胃被破碎后进入皱胃，经消化后转化成葡萄糖被吸收，减少了瘤胃微生物对营养成分的酵解损失，饲料转化率高。全精料育肥只喂谷粒饲料，不喂粗饲料，管理简化。

（3）断奶羔羊育肥

正常断奶羔羊育肥是羊肉生产的主要方式，也是促进肉羊生产向集约化方向发展的主要途径。羔羊 3~4 月龄正常断奶后，除部分羔羊选留到后备群外，其余羔羊通过适宜的育肥方式育肥后进行出售。

断奶羔羊的育肥方式因各地生态环境、饲养方式、经营规模等实际情况的不同而有所区别。断奶羔羊育肥根据饲养方式不同可分为放牧育肥、混合育肥和舍饲育肥三种。

1）放牧育肥。放牧育肥的主要特征是以天然放牧为主要饲养方式，以牧草为主要营养来源的一种育肥方式。这种方式主要适用于内蒙古、青海、甘肃、新疆和西藏等省区的牧区。优点是饲养管理成本低，经济效益相对较高。缺点是育肥周期长，同时易受气候和草场长势等多种不稳定因素变化的干扰和影响，使得育肥效果不稳定。

2）混合育肥。混合育肥的主要特征是以放牧加补饲为主要饲养方式，以天然牧草、农副产品和谷物饲料为主要营养来源的一种育肥方式。这种育肥方式既能缩短肉羊生产周期，增加肉羊出栏数、出肉量，又可以充分利用有限的饲草资源，降低生产成本，提高经济效益。这种方式较适合于牧区羔羊育肥，具体分为两种情况：一是草场质量或放牧条件差，仅靠放牧不能满足快速育肥的营养需要，在放牧的同时，给育肥羔羊补饲一定的混合精料和优质干草，以满足羔羊的营养需求；二是秋末冬初，牧草枯萎后，对放牧育肥后膘情仍不理想的羔羊补饲精料，延长育肥时间，进行短期强度育肥，育肥期 30~40 天，使其达到屠宰体重，提高胴体重和羊肉品质。

3）舍饲育肥。舍饲育肥的主要特征是以在舍内集中批量饲养，人工喂养为主要饲养方式，以按照饲养标准和饲料营养价值配制的日粮为主要营养来源的一种育肥方式。舍饲育肥方式适用于粮产丰富的地区，有利于组织规模化、标准化、无公害肉羊的生产，有助于我国羊肉质量标准与国际通用准则接轨，进而打入国际市场。

二、成年羊育肥

成年羊育肥是指为了改善淘汰的成年羊的肉质，提高屠宰率而进行的一种育肥方法。一般采用淘汰的老、弱、乏、瘦以及失去繁殖机能的羊进行育肥，还有少量的去势公羊进行育肥。这类羊一般年龄较大，屠宰率低，肉质较粗，饲料转化效率较低。经过育肥后，使肌肉间和肌纤维间脂肪增加，肉质得到改善，经济价值也可以提高。

1. 成年羊育肥原理

（1）成年羊处于机能活动最旺、生产性能最高的时期，其能量代谢水平稳定，虽然绝对增重已达到高峰，但在饲料丰富的条件下，仍能迅速沉积脂肪。

（2）利用成年母羊补偿生长的特点，采取相应的肥育措施，使其在短期内达到一定体重。补偿生长现象是指羊在某些时期或某一生长发育阶段饲料摄入不足，若此后恢复较高的饲养水平，羊只便有较高的生长速度，直至达到正常体重或良好膘情。

成年母羊营养受阻的可能原因有以下两方面：一是繁殖过程中的妊娠期和哺乳期，此时因特殊的生理需要，即便在正常的饲喂水平下，母羊也会动用一定的体内储备；二是季节性的冬瘦和春乏，由于受季节性气候、牧草供应等的影响，冬春季的羊只常出现饲草料摄入不足的情况。

2. 成年羊育肥期的确定

成年羊在育肥过程中，随着膘情的改善，羊肉中的水分相对减少，脂肪含量增加，蛋白质含量有所下降。但成年羊体内沉积脂肪的能力有限，到满膘时就不会再增重。因此，成年羊育肥期不宜过长。

成年羊育肥期一般以60~80天为宜。底膘好的成年羊育肥期可以为40天，即育肥前期10天，中期20天，后期10天；底膘中等的成年羊育肥期可以为60天，即育肥前、中、后期各为20天；底膘差的成年羊育肥期可以为80天，即育肥前期20天，中、后期各为30天。

3. 成年羊育肥前的准备

（1）羊舍及设备的清洁消毒

设置足够的水槽、料槽，并进行环境（羊舍及运动场）清洁与消毒。在羊舍的进出口处设消毒池，放置浸有消毒液的麻片，同时用2%~4%氢氧化钠溶液喷洒消毒。运动场在清扫干净后，用3%漂白粉、生石灰或5%氢氧化钠溶液喷洒消毒。羊舍清扫后用10%~20%石灰乳或10%漂白粉、3%煤酚皂溶液（来苏尔）、5%热草木灰、1%石炭酸溶液喷洒。

（2）选羊与分群

要选择膘情中等、身体健康、牙齿好的羊只育肥，淘汰膘情很好和极差的羊只。挑选出来的羊只应按体重大小和体质状况分群，一般将情况相近的羊只放在同一群里育肥，避免因强弱争食造成较大的个体差异。

（3）驱虫

寄生虫不但能消耗羊的大量营养，还分泌毒素，破坏羊只消化、呼吸和循环系统的生理功能，严重影响羊只的育肥效果，所以，在羊育肥之前应首先进行驱虫。驱虫药应根据羊寄生虫的流行情况进行选用。一般常用的驱虫药有（每kg体重的口服剂量）：阿苯达唑15~20 mg，左旋咪唑8 mg，灭虫丁0.2 mL。其中，阿苯达唑具有高效、低毒和广谱的特点，对于羊的肝片吸虫、肺线虫、消化道线虫、绦虫等均有效，还可同时驱除混合感染的寄生虫，是较为理想的驱虫药。在使用驱虫药时，要求剂量准确，一般先进行小群试验，在取得经验后再进行全群驱虫。

4. 成年羊育肥技术

成年羊育肥方式可以根据羊只来源和牧草生长季节选择，目前主要的育肥方式有放牧补饲型育肥和舍饲育肥两种。

（1）放牧补饲型育肥技术

1）夏季育肥。成年羊以放牧育肥为主，在青草期，可以选择生长茂盛、地势平坦、有水源的地方，对淘汰羊进行体况恢复性放牧，特别是体况差的羊可以利用青草使其复膘，然后再育肥。一般在放牧1~2个月后，要有不少于1个月的舍饲育肥期。在自由采食粗饲料的情况下，每只羊每日补饲 0.5~0.75 kg 混合精料。在牧草丰盛时，可以适当减少补饲量。

2）秋季育肥。主要选择体躯较大、健康无病、牙齿良好的淘汰母羊和瘦弱羊为育肥羊，育肥期一般在 80~100 天。可以采用淘汰母羊配种，母羊怀胎后行动稳重，食欲增强，采食量增大，上膘快，怀胎育肥 60 天左右宰杀；也可以将羊先转入秋场或农田茬子地放牧，待膘情好转后，再转入舍饲育肥。

3）日粮配制。现提供两个育肥日粮配方供参考。

配方 1：禾本科干草 0.5 kg，青贮玉米 4.0 kg，碎谷粒 0.5 kg。此配方日粮中含干物质 40.60%，粗蛋白质 4.12%，钙 0.24%，磷 0.11%，代谢能 17.974 MJ。

配方 2：禾本科干草 1.0 kg，青贮玉米 0.5 kg，碎谷粒 0.7 kg。此配方日粮中含干物质 84.55%，粗蛋白质 7.59%，钙 0.60%，磷 0.26%，代谢能 14.379 MJ。

（2）舍饲育肥技术

此方法适用于有饲料加工条件的地区，饲养肉用成年羊或羯羊。

1）日粮配制。预饲期应以粗饲料为主，适当搭配精料，并逐步将精料的比例提高到 40%。进入强度育肥期时，精料的比例可以提高到 60%。

补饲用混合精料的配方大致为：玉米、大麦、燕麦等能量籽实类占 80%左右，蛋白质补充料如蚕豆、豌豆、饼粕占 20%左右。另外，要加入占混合精料量 1%~2%的食盐、混合矿物质和其他添加剂。

成年羊在舍饲育肥时，最好将饲料加工成颗粒状。颗粒饲料中秸秆和干草粉可以占 55%~60%，精料占 35%~40%。现推荐两个典型日粮配方供参考。

配方 1：草粉 35.0%，秸秆 44.5%，精料 20.0%，磷酸氢钙

0. 5%。此配方每千克饲料中含干物质 86%，粗蛋白质 7. 2%，钙 0. 48%，磷 0. 24%，代谢能 6. 897 MJ。

配方 2：禾本科草粉 30. 0%，秸秆 44. 5%，精料 25. 0%，磷酸氢钙 0. 5%。此配方每千克饲料中含干物质 86%，粗蛋白质 7. 4%，钙 0. 49%，磷 0. 25%，代谢能 7. 106 MJ。

2）饲喂技术。成年羊的日粮日喂量依配方不同而有所差异，一般为 2. 5~2. 7 kg，每天投料两次，日喂量的分配与调整以饲槽内基本不剩为标准。在喂颗粒饲料时，最好采用自动饲槽投料，雨天不宜在敞圈饲喂，午后应适当喂些青干草（每只 0. 25 kg），以利于成年羊反刍。

模块 6　羊的日常管理

一、编号

编号对于识别羊只是一项必不可少的工作，其作用是便于选种和选配。

1. 打号时间

打号时间最好在出生 1 个月以内。

2. 编号方法

（1）打耳号法

可以利用耳号钳在羊耳上打号，每剪一个耳缺，代表一定的数字，把几个数字相加，即得到所要的编号。羊耳一般采取左大右小，下 1 上 3，公单母双（或连续排列）的编号方式。右耳下部一个缺口代表 1，上部一个缺口代表 3，耳尖缺口代表 100，耳中圆孔代表 400；左耳下部一个缺口代表 10，上部一个缺口代表 30，耳尖缺口代表200，耳中圆孔代表800。用耳号钳打孔时，要避开血管，打号前要用碘酊充分消毒。

（2）耳标法

舍饲羊群多采用长方形耳标，耳标插于左耳基部。

二、断尾

羔羊的断尾主要针对肉用公绵羊同本地母绵羊的杂交羔羊、半细毛羔羊。这些羊均有一条细长的尾巴，为避免粪尿污染羊毛，防止夏季苍蝇在母羊阴部产卵而感染疾病，便于母羊配种，必须进行断尾。

1. 断尾时间

在羔羊出生一周左右进行断尾。

2. 断尾方法

断尾现采用最多的方法是气门芯法，断尾时首先选择容易断尾的部位，用碘酊消毒，然后用气门芯在尾椎连接处转圈绑紧，一周左右尾巴自行掉落。在夏季断尾时要经常观察羔羊尾部，如有生蛆现象，要及时用碘酊等进行消毒处理。

三、去势

对于出生3~5天的羔羊可以用结扎法去势，即用橡皮筋扎紧睾丸的颈部。一周后，睾丸因血管阻塞而坏死脱落，此法去势比较安全。对于稍大一些的小公羊或成年公羊则要采用手术去势。方法是先用3%苯酚或碘酊消毒阴囊，然后用一只手握住阴囊上方，另一只手用消毒过的刀在阴囊下方切开一个小口，长度约为阴囊的1/3，以能挤出睾丸为度，切开后把睾丸连同精索一起挤出撕断。对于较大的公羊，必要时须结扎精索以防止过度出血而造成死亡。摘除睾丸后，伤口涂上碘酊，并撒上磺胺粉。

四、补盐

在羊的饲养过程中补给一定量的食盐是非常必要的。在一般情况下，每只羊每天补 10 g 食盐即可。补盐方法通常有以下三种：

1. 在羊舍中悬挂盐砖，让羊只自由舔食。

2. 在羊舍中吊挂盐槽，让羊只自由采食。

3. 在放牧或补饲过程中，将盐撒在石板或草上，让羊只自由采食。

五、剪毛

1. 粗毛羊一年剪 2 次毛，细毛羊一年剪 1 次毛。半细毛羊中的长毛品种一年可以剪 1~2 次，短毛品种一年只剪 1 次。

2. 剪毛的时间差异较大，有些地区 5 月中旬剪毛，而有些地区在 6 月末 7 月初开始剪毛。秋季剪毛大多数在 9 月进行。

3. 剪毛前羊只应该停食、停水、停止放牧 12 h 左右，防止剪毛时粪便污染羊毛或发生意外情况等。

4. 剪毛方式分为手工剪毛和机械剪毛。

5. 在剪毛时应注意将毛茬留 0.5 cm 左右，禁止剪二刀毛；剪毛时按顺序进行，剪出毛套。一般先剪质量较差的羊如羯羊、等外羊等，后剪质量较好的羊如种公羊、核心群母羊等。

小知识

羊群中如果有有色毛和异质毛的羊只时，则应先剪无色毛和同质毛的羊只，然后剪有色毛和异质毛的羊只，而且要将这些羊毛单独包装；剪毛后控制羊的采食量，防止消化不良并注意保暖。

六、修蹄

羊是以放牧为主的家畜，因此对蹄的保护十分重要。

1. 修蹄时间

为了便于放牧，应经常检查羊蹄，遇到蹄壳过长或畸形时要随时修剪。每年春季至少要修蹄 1 次，或根据具体情况随时修剪。春季修蹄多在剪毛后、放牧前进行。修蹄宜在雨后进行，或先在较潮湿的地带放牧使蹄变软，以利修蹄。

2. 修蹄方法

修蹄时可以用修蹄剪，先把较长的蹄尖剪掉，然后将蹄周围修整齐，如图 4-1 所示。修剪时力度要适宜，以免造成出血。若修蹄过程中造成出血，可以涂上碘酊消毒。若出血不止，可将烙铁烧微红，在蹄底迅速烧烙一下，直到止血为止。变形蹄必须每隔十几天修剪 1 次，连修 2~3 次，以矫正蹄形。

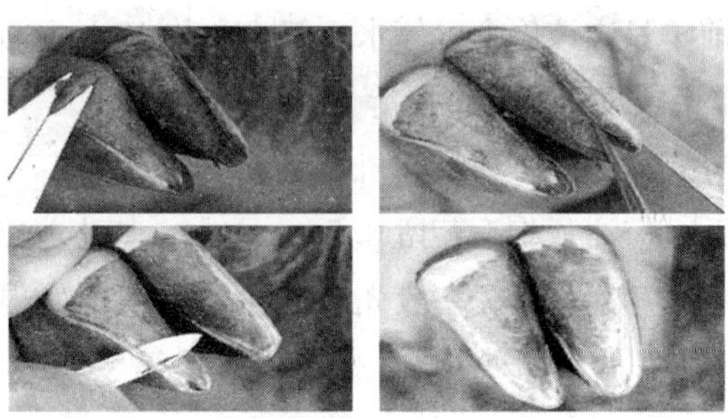

图 4-1　修蹄

第5单元 羊的繁殖技术

模块1 羊的繁殖与发情

一、羊的繁殖现象和规律

1. 性成熟和初次配种年龄

（1）性成熟

性成熟是指性器官已经发育完全，具有了产生繁殖能力的生殖细胞和性激素。绵羊的性成熟时期，虽因品种和分布地区的不同而略有差异，但一般为6~10月龄，这个时候，公羊可以产生精子，母羊可以产生成熟的卵子，如果此时使公母羊交配，即能受胎。但要指出的是，绵羊刚达到性成熟时并不意味着可以配种，因为此时其身体并未发育充分，如果此时进行配种，会影响其本身和胎儿的生长发育。因此，公母羔羊在4月龄断奶时，一定要分群管理，以避免偷配。

（2）初次配种年龄

绵羊的初次配种年龄一般在12~18月龄，但也受绵羊品种和饲养管理条件的影响。当前在我国广大的农牧区，凡是草场或饲养条件良好、绵羊生长发育较好的地区，初次配种都在12~18月龄；而草场或饲养条件较差的地区，初次配种年龄可以适当推迟，往往在2~3岁时进行。如中国美利奴羊（军垦型），母羊性成熟一般为8月龄，早的为6月龄；母羊体成熟为12～15月龄，当体重达到成年母羊的70%时，可进行第一次配种，一般初配年龄以18月龄为宜。

山羊性成熟的时间比绵羊略早，如青山羊的初情期为108.42±17.75日龄，马头山羊为154.30±16.75日龄。

2. 发情

（1）发情概述

母羊发情的持续时间因品种不同而略有差异。有时个体之间也存在差异，一般为1～1.5天。绵羊发情时外部表现不明显，仅阴唇充血肿胀，通常无黏液自阴门流出或流出极少；山羊发情时外部表现比较明显。

由于绵羊、山羊体形小，无法进行直肠检查，因此发情鉴定主要采取试情并结合外部观察的方法。具体的做法为：将试情公羊（结扎输精管或带试情布）按公母1∶（30～40）的比例，每日一次或两次定时放入母羊群中，接受公羊爬跨者为发情母羊。为了更好地识别发情母羊，可以在试情公羊腹部装上标示器或在胸部装上颜料囊，当公羊爬跨母羊时，便将颜色印在母羊臀部上，从而将发情母羊挑选出来。

（2）发情表现

1）性欲。母羊发情时，愿意接受公羊的交配，或者主动接近公羊。在发情初期，性欲表现不明显，以后逐渐增强，排卵后，性欲逐渐减弱，直到性欲结束，此时母羊抗拒公羊的接近或爬跨。

2）性兴奋。母羊发情时会表现得兴奋不安。

3）生殖道变化。外阴部充血肿大，柔软而松弛，阴道黏膜充血发红，上皮细胞增生，子宫颈口开放，子宫和输卵管的蠕动增强。

4）卵泡发育和排卵。卵巢上有卵泡逐渐发育成熟，发育成熟后卵泡破裂，卵子排出。

母羊在某一时期出现上述四个方面的特征，可以基本确定为发情。

（3）发情持续期

母羊从开始出现上述发情特征到这些特征消失，这一时期称作发情持续期。母羊的发情持续期与品种、年龄、个体、配种季节等有密切的关系，一般为 1~2 天。

（4）发情周期

母羊在发情持续期内，若未经配种，或虽经配种但未受孕时，经过一定时期会再次出现发情现象。自上次发情开始到下次发情开始的时间，称为发情周期。发情周期同样受品种、个体和饲养管理条件等因素的影响。绵羊的发情周期为 14~20 天，平均 17 天；山羊的发情周期为 18~23 天，平均 20 天。

（5）发情季节

羊的发情季节（也称配种季节）是通过长期的自然选择逐渐演化而形成的，主要决定因素是分娩时的环境条件要有利于初生羔羊的存活。羊的繁殖季节，因品种、地区而有所差异，母羊一般是在夏、秋、冬三个季节有发情表现。母羊发情时，卵巢机能活跃，卵泡发育逐渐成熟，可接受公羊交配；平时，卵巢处于静止状态，卵泡不发育，不接受公羊的交配。母羊发情之所以有一定的季节性，是因为在不同的季节中，光照、气温、饲料等条件会发生变化。母羊发情要求光照由长变短，所以发情主要集中在秋、冬两季。在饲养管理条件良好的年份，母羊发情开始早，而且发情整齐旺盛。公羊在任何季节都能配种，但在气温高的季节，性欲会减弱甚至完全消失，导致精液品质下降，精子数量减少、活力降低，畸形精子增多。在气候温暖、海拔较低、牧草饲料良好地区所饲养的绵羊、山羊品种，一般一年四季都可以发情，配种时间不受限制。

3. 怀孕

母羊从开始怀孕到分娩，这一时期称为怀孕期或妊娠期。母羊的妊娠期是145~155天，平均150天，怀孕期的长短，因品种、多胎性、营养状况等的不同而略有差异。早熟品种多半是在饲料比较丰富的条件下育成的，怀孕期较短，平均为145天左右；晚熟品种多在放牧条件下育成，怀孕期较长，平均为149天左右。

二、羊的发情鉴定

1. 发情鉴定概述

发情鉴定是指通过观察母羊外部表现、阴道变化判定母羊是否发情及发情程度。通过判定母羊是否发情、发情所处的阶段及排卵时间，能够确定母羊适合配种的时间，从而提高母羊的受胎率。

2. 发情鉴定方法

（1）外部观察法

通过观察母羊发情期间的精神状态、食欲、行为和生殖道变化，判定母羊是否发情及发情阶段。

（2）阴道检查法

利用开膣器打开母羊阴道，借助光源观察子宫颈口的开张情况、阴道黏膜颜色和黏液分泌情况，确定母羊是否发情及发情阶段。此方法一般作为发情鉴定的辅助方法。

（3）试情法

用经过输精管结扎或阴茎移位术的试情公羊进行试情，根据母羊对公羊的反应情况判断母羊是否发情。

羊的发情表现不明显，且发情时间短时，多采用试情法。

模块 2　羊的人工授精

一、配种时间的选择

羊配种时间的选择，主要是根据最有利于羔羊成活的产羔时期和母子是否健壮决定。在年产羔一次的情况下，产羔时间可以分为两种，即冬羔和春羔。

1. 冬羔

在 7—9 月配种，12 月至翌年 1—2 月产羔称作产冬羔。

2. 春羔

在 10—12 月配种，翌年 3—5 月产羔称作产春羔。

对于养羊单位和农牧民饲养户选择产冬羔还是产春羔，不能强求，要根据所在地区的气候和生产技术条件决定。

3. 冬羔和春羔的比较

为了进一步分析羊最适宜的配种时间，应当把产冬羔和产春羔的优缺点进行比较。

（1）产冬羔

产冬羔的主要优点：母羊在怀孕期，由于营养条件比较好，所以，羔羊初生重大，且在羔羊断奶以后就可以吃上青草，因而生长发育快，第一年的越冬度春能力强；由于产冬羔的季节气候比较寒冷，因而肠炎和痢疾病的发病率比春羔低，故羔羊成活率比较高；冬羔绵羊的剪毛量比春羔绵羊的剪毛量高。

产冬羔的主要缺点：产冬羔必须储备足够的饲料并准备保温良好的羊舍，同时劳动力的配备也要比产春羔多，如果不具备上述条件，产冬羔则会给养羊业的生产带来损失。

（2）产春羔

产春羔的主要优点：产春羔时，气候已经开始转暖，因而对羊舍的要求不严格。同时，由于母羊在哺乳前期已能吃上青草，故能分泌较多的奶汁哺乳羔羊。

产春羔的主要缺点：母羊的整个怀孕期都处在饲草料不足的冬季，由于母羊营养不良，导致胎儿的个体发育不好，羔羊初生重量比较小，体质弱，虽然可以经过夏秋季节的放牧获得一些补偿，但是比较难于越冬度春；春羔在第二年剪毛时，无论是剪毛量还是体重，都不如冬羔高；另外，由于春羔断奶时已是秋季，故对断奶后母羊的抓膘会有影响，特别是在草场不好的地区，对于母羊的发情配种及当年的越冬度春都会造成不利的影响。

二、配种方法

羊的配种方法有两种，即自然交配和人工授精。

1. 自然交配

自然交配包括自由交配和人工辅助交配。

（1）自由交配

自由交配是养羊业中最原始的配种方法，这种配种方法是在绵羊、山羊的繁殖季节，将公母羊混群放牧，任其自由交配。用这种方法配种时，节省人工，不需要任何设备，如果公母羊比例适当，一般为1∶(30~40)，受胎率也相当高。但是，用这种方法配种也有许多缺点，由于公母羊混群放牧，公羊在一天中追逐母羊交配，会影响羊群的采食抓膘，而且公羊的精力消耗太大，也无法了解后代的血缘关系，不能进行有效的选种选配；另外，由于不知道母羊配种的确切时间，因而无法推测母羊的分娩期，同时由于母羊产羔时期拉长，所产羔羊年龄不同，会给管理上造成困难。

近年来，在技术、设备、劳动力等条件不足的一些农牧区，根据家畜性行为的特点，在繁殖季节将几只体质健壮、精力充沛和精液品质良好的种公羊同时投入繁殖母羊群中，公母比例为 1∶（80~100），让公母羊自由交配。但是每天必须将种公羊从母羊群中分隔出来休息半天，并进行补饲，以保证其配种所需的营养。实践证明，这种方法的交配效果十分理想。

（2）人工辅助交配

为了克服自由交配的缺点，同时又不便进行人工授精时，可以采用人工辅助交配法。即公母羊分群放牧，到配种季节每天对母羊进行试情，然后把挑选出来的发情母羊与指定的公羊进行交配。采用这种方法配种，可以准确登记公母羊的耳号及配种日期，从而能够预测分娩期，节省公羊精力，提高受配母羊头数，同时也比较有利于开展羊的选配工作。

2. 人工授精

（1）人工授精的概念

羊的人工授精是指通过人为的方法，将公羊的精液输入母羊的生殖器内，使卵子受精以繁殖后代，是当前我国养羊业中常用的繁殖技术措施。

（2）人工授精的优点

1）扩大优良公羊的利用率。在自然交配时，公羊射一次精只能配一只母羊，如果采用人工授精的方法，由于输精量少且精液可以稀释，公羊一次的射精量，一般可供几只或几十只母羊授精。因此，应用人工授精方法，不仅可以增加公羊配母羊的数量，还可以充分发挥优质公羊的作用，迅速提高羊群质量。

2）提高母羊的受胎率。采用人工授精的方法，可将精液完全输送到母羊的子宫颈或子宫颈口，增加了精子与卵子结合的机会，同时也解决了母羊因阴道疾病或子宫颈位置不正所引起的不育；由于精液品质已经过检查，也避免了因品质不良所造成的空怀。因此，采用人工授精可以提高受胎率。

3）节省购买和饲养大量种公羊的费用。例如，有适龄母羊300只，如果采用自然交配的方法，则至少需要购买种公羊80~100只，而如果采用人工授精的方法，在我国目前的条件下，只需购买10只左右的种公羊即可，这样就可以节省大量的种公羊购买及饲养管理费用。

4）减少疾病的传播。在自然交配过程中，由于羊体和生殖器官的相互接触，有可能把某些传染性疾病和生殖器官疾病传播开来。采用人工授精的方法，公母羊不直接接触，器械经过严格消毒，使传染病传播的机会大大减少。

5）由于现代科学技术的发展，公羊的精液可以长期保存和实行远距离运输，这对于进一步发挥优质公羊的作用，迅速改变低产养羊业的状况将发挥重要的作用。

三、羊的人工授精技术

1. 站址的选择及房舍设备

（1）人工授精站一般应选择在母羊分布密度大，水草条件好，有足够放牧地，交通比较方便，无传染病，地势比较平坦，避风向阳而又排水良好的地方建立。

（2）人工授精站需要设置一定数量和规格的房屋和羊舍。房屋主要包括采精室、精液处理室和输精室；羊舍主要指种公羊舍、试情公羊舍及试情圈等。在有条件的羊场、乡、村或专业户，还应考虑修建工作人员住房及库房等建筑物。

采精室、精液处理室和输精室要求光线充足，地面坚实（最好辅砖块），以便清洁和减少污染；保持空气流通，各室互相连接，以便于工作，室温要求保持在18~25 ℃。面积要求采精室为12~20 m^2，精液处理室为8~12 m^2，输精室为20~30 m^2。

种公羊舍要求地面干燥、光线充足，有结实而简单的门栏，有饲用的草架和饲槽。

总之，一切建筑（也可以用塑料暖棚）的修建都既要有利于操作，又要因地制宜，力求做到科学、经济和实用。

2. 器械药品的准备

人工授精所需要的各种器械，如假阴道内胎、假阴道外壳、输精器、集精杯、金属开膣器等，以及常用的各种兽医药品和消毒药品，均要提前做好充足的准备。

3. 公羊的准备

（1）配种公羊的准备

配种开始前 30~45 天，对参加配种的公羊，应指定有关技术人员对其精液品质进行检查，其目的一是掌握公羊精液品质情况，如果发现问题，可以及早采取措施，以确保配种工作的顺利进行；二是排除公羊生殖器中长期积存下来的衰老、死亡和解体的精子，促进种公羊的性机能活跃，产生新精子。因此，在配种开始以前，每只种公羊至少要采排精液 15~20 次，开始可以每天采排精液一次，在后期每隔一天采排精液一次，对每次采得的精液都应进行品质检查。

如果公羊初次参加配种，在配种前 1 个月左右，应有计划地对公羊进行调教。调教方法：让公羊在采精室与发情母羊本交几次；把发情母羊的阴道分泌物涂抹在公羊鼻尖上以刺激其性欲；注射丙酸睾酮，每次 1 mL，隔一天一次；每天用温水把阴囊洗净擦干，然后用手由下而上地轻轻按摩睾丸，早、晚各一次，每次 10 min；别的公羊采精时，让被调教公羊在旁观摩；加强饲养管理，增加运动里程和运动强度等。

（2）试情公羊的准备

由于母羊发情症状不明显，发情持续期短，错过一次就会耽误至少半个月的配种时间，因此，必须用试情公羊每天从大群待配母羊中找出发情的母羊，并适时进行配种，所以，试情公羊的作用不能低估。选作试情的个体必须是体质结实、健康无病、行动灵活、性欲旺盛、生产性能良好、年龄在 2~5 岁的公羊。试情公羊的数量一般占参加配种母羊数量的 2%~4%。

4. 母羊群的准备

凡确定参加人工授精的母羊，要单独组群，认真管理，防止公母羊混群，防止偷配。在配种开始前的 5~7 天，应进入授精站待配母羊舍；在配种前和配种期，要加强饲养管理，使母羊吃饱喝足、休息好，做到满膘配种。

5. 试情

每天清晨（或早、晚各一次），将试情公羊赶入待配母羊群中进行试情，凡愿意与公羊接近，并接受公羊爬跨的母羊即认为是发情羊，应及时将其放到发情母羊圈中。有的处女羊发情征状不明显，虽然有时与公羊接近，但又拒绝接受爬跨，这种情况应将羊只捕捉，然后辅之以阴道检查判定。

为了防止试情公羊偷配，试情时应在试情公羊腹下系上试情布，试情布要捆结实，防止阴茎脱出造成偷配事故。每次试情结束，要清洗试情布，以防布面变硬，擦伤或污染阴茎。我国许多地区对试情公羊推广使用输精管结扎和阴茎移位术，既节约了试情布用量，又杜绝了偷配，同时还减轻了工作负担，受到普遍欢迎。但阴茎移位的角度要合适，每年试情工作开始前对所有阴茎移位的公羊要进行一次移位角度的检查。对输精管结扎的试情公羊，一般使用 2~3 年后就要更换。为了节省人力和时间，澳大利亚牧场采取的方法是在公羊的试情布上安置一个特别的自动打印器，然后将系上这种试情布的试情公羊随母羊群放牧，在配种开始前，只需将羊群中臀部留有印记的母羊捕捉出来，并送至发情母羊圈中待配即可。

试情工作与配种是否成功关系密切，甚至成为人工授精工作成败的关键。因此，在试情工作中要做到认真负责，仔细观察，随时注意试情公羊的动向，及时捕捉发情母羊，随时驱散成堆的羊群，为试情公羊接触母羊创造条件；在试情过程中要始终保持安静，禁止无故干扰羊群。为了充分发现发情母羊，属于 7—9 月配种的，每天试情时间应不少于 1.5 h；属于 10—12 月配种的，每天试情时间应不少于 1 h。

6. 采精

（1）器械消毒

凡是人工授精使用的器械，都必须经过严格的消毒。在消毒以前，应将器械洗净擦干，然后按器械的性质、种类分别包装。消毒时，除不易放入或不能放入高压消毒锅的金属器械、玻璃输精器及胶质的内胎以外，一般都应尽量采用蒸汽消毒，其他器械采用酒精或火焰消毒。在蒸汽消毒时，器材应按使用的先后顺序放入高压消毒锅，以免使用时在锅内胡乱寻找，耽误时间。凡士林、生理盐水棉球用前均须进行消毒。消毒好的器材、药液要防止二次污染并注意保温。

（2）采精前准备

1）假阴道的准备

①假阴道的安装和消毒。假阴道的内胎在使用前最好先放入开水中浸泡 3~5 min。新内胎或长期未用的内胎，必须用热肥皂水或洗衣粉刷洗干净并擦干，再进行安装。

安装时先检查外壳是否变形、破损、有沙眼，内胎是否漏气等；然后将内胎装入外壳，并使其光面朝内，要求两头等长，再将内胎一端翻套在外壳上，并依同法套好另一端，安装时切忌内胎扭转，保持松紧适度；最后在两端分别套上橡皮圈固定。

消毒时用长柄镊子夹 75%酒精棉球由内向外消毒内胎，要求消毒彻底；等酒精挥发后，用生理盐水棉球多次擦拭、冲洗。

集精杯采用蒸汽消毒，也可以用75%酒精棉球消毒，最后用生理盐水棉球多次擦拭，然后安装在假阴道的一端。

②灌注温水。左手握住假阴道的中部，右手用量杯或吸水球将温水从灌水孔注入，水温为45~55 ℃，以采精时假阴道温度达40~42 ℃为目的。水量为外壳与内胎间容量的1/2~2/3，实践中常以竖立假阴道时水达灌水孔即可。最后装上带活塞的气嘴，并将活塞关好。

③涂抹润滑剂。用消毒的玻璃棒取少许凡士林，由外向内均匀涂抹一薄层润滑剂，涂抹深度以假阴道长度的1/2为宜。

④检温、吹气加压。从气嘴吹气，用消毒的温度计插入假阴道内检查温度，以采精时达40~42 ℃为宜，若温度过高或过低可以用冷水或热水调节。当温度适宜时吹气加压，使内胎鼓胀，以口部呈“Y”形为宜。最后用纱布盖好入口，准备采精。

2）采精场地的准备。要有固定、整洁的采精场所，以便使公羊建立交配的条件反射。如果露天采精，则采精的场地应当避风、平坦，并且要防止尘土飞扬。采精时应保持环境安静。

3）台羊的准备。对公羊来说，台羊是重要的性刺激物，是用假阴道采精的必要条件。台羊应当选择健康的、体格大小与公羊相似的发情母羊。用不发情的母羊作为台羊不能引起公羊性欲时，可以先用发情母羊训练数次。在采精时，须先将台羊固定在采精架上。

如果用假母羊作为台羊，必须先经过训练，即先用真母羊为台羊，采精数次后再改用假母羊为台羊。假母羊是用木料制成的木架（大小、体格与公羊相似），架内填上适量的麦草或稻草，上面覆盖一张羊皮并加以固定。

4）公羊的牵引。牵引公羊到采精现场后，不要使它立即爬跨台羊，要控制几分钟，再让它爬跨，这样不仅可以增强其性反射，也可以提高所采精液的质量。公羊阴茎包皮孔部分，如果有长毛，则事先应剪短，如果有污物，则应擦洗干净。

（3）采精操作

采精人员用右手握住假阴道后端，固定好集精杯，并将气嘴活塞朝下，蹲在台羊的右后侧，让假阴道靠近公羊的臀部，在公羊跨上台羊背的同时，应迅速将公羊的阴茎导入假阴道内，切忌用手抓碰摩擦阴茎。公羊的射精时间很短，若假阴道内的温度、压力、滑度适宜，当公羊后躯急速向前用力一冲，即已射精，此时顺公羊动作向后移下假阴道，并迅速将假阴道竖起，集精杯一端向下，然后打开活塞上的气嘴，放出空气，取下集精杯，用盖子盖好精液送处理室待检。

（4）采精后用具的清理

倒出假阴道内的温水，将假阴道、集精杯放在热水中用清洁剂充分洗涤，然后用温水冲洗干净、擦干，待用。

7. 精液品质检查

检查精液品质是保证受精效果的一项重要措施，主要包括外部观察法和实验室检查法（显微镜检查法）。

（1）外部观察法

1）射精量。将采集后的精液倒入有刻度的玻璃管中观察即可。有的单层集精杯本身带有刻度，若用这种集精杯采精，采精后可以直接观察，无须倒入其他有刻度的玻璃容器中。公羊的射精量一般为0.8~1.2 mL。

2）色泽。正常的精液为乳白色。如精液呈浅灰色或浅青色，是精子少的特征；深黄色表示精液内混有尿液；粉红色或淡红色表示有新的损伤而混有血液；红褐色表示在生殖道中有深的旧损伤；有脓液混入时精液呈淡绿色；精囊发炎时，精液中可以发现絮状物。

3）气味。刚采得的新鲜精液略有腥味，当睾丸、附睾或附属生殖腺有慢性化脓性病变时，精液有腐臭味。

4）形态。用肉眼观察新采得的公羊精液，可以看到因精子活动所引起的翻腾滚动，极似云雾的形态。精子的密度越大、活力越强，其云雾状越明显。因此，根据云雾状表现得明显与否，可以判断精子活力的强弱和精子密度的大小。

（2）显微镜检查法

1）活力。用消毒过的干净玻璃棒取出原精液一滴，或用生理盐水稀释过的精液一滴，滴在擦洗干净的干燥载玻片上，并盖上干净的盖玻片，注意使盖玻片与载玻片之间充满精液，避免气泡产生。然后放在显微镜下，放大400~600倍进行观察，观察时盖玻片、载玻片、显微镜载物台的温度不得低于30 ℃，室温不能低于18 ℃。

评定精子的活力，是根据直线前进运动的精子所占的比例来确定精子活力等级。在显微镜下观察，可以看到精子有三种运动方式：

①前进运动：精子的运动呈直线前进运动。

②回旋运动：精子虽然也运动，但绕小圈子回旋转动，圈子的直径很小，不到一个精子的长度。

③摆动运动：精子位置不变，只是在原地不断摆动，并不前进。

除以上三种运动方式之外，往往还可以看到没有任何运动的精子，呈静止状态。除第一种精子具有受精能力外，其他两种运动方式的精子不久即会死亡，没有受精能力。

评定精子活力多采用“十级一分制”，即如果精液中有80%的精子作直线前进运动，精子活力计为0.8；如有50%的精子作直线前进运动，精子活力计为0.5，依次类推。评定精子活力的准确度与经验有关，具有主观性，检查时要多视野观察并取平均值。一般公羊精子的活力在0.6以上时才能供输精用。

公羊精液的精子密度较大，为方便观察，可用等渗溶液如生理盐水等稀释后再检查。温度对精子活力的影响较大，为使评定结果准确，要求检查温度在 37 ℃左右，显微镜须有恒温装置。

2）密度。精液中精子密度的大小是判断精液品质优劣的重要指标之一。用显微镜检查精子密度的大小，其制片方法与检查精子活力的制片方法相同，通常在检查精子活力的同时检查其密度。公羊精子的密度分为密、中、稀三个等级。

①密：精液中精子数目很多，充满整个视野，精子与精子之间的空隙很小，不足以容纳 1 个精子的长度。由于精子非常稠密，所以很难看出单个精子的活动情形。

②中：在视野中看到的精子也很多，但精子与精子之间有清晰的空隙，彼此间的距离大约相当于 1 个精子的长度。

③稀：在视野中只有少数精子，精子与精子之间的空隙很大，超过 1 个精子的长度。另外，在视野中如果看不到精子，则以“0”表示。

公羊精液中所含的副性腺分泌物少，精子密度大，所以一般用于输精精液的精子密度至少是中级。

8. 精液稀释

（1）精液稀释的目的

1）增加精液容量，扩大配种母羊的头数。在公羊每次射出的精液中，所含精子数目甚多，但真正参与受精作用的只有少数精子。因此，将原精液进行适当的稀释，可增加精液容量，进而为更多的发情母羊配种。

2）延长精子的存活时间，提高受胎率。精液经过适当的稀释后，可以延长精子的存活时间，主要原因包括：减弱副性腺分泌物对精子的有害作用（副性腺分泌物中含有大量的氯化钠和钾，它们会引起精子膜的膨胀，中和精子表面的电荷）；补充精子代谢所需要的养分；对精液的酸碱度起缓冲作用；抑制细菌繁殖，减弱细菌对精子的危害。由于精液稀释后延长了精子的存活时间，故有助于提高受胎率。

3）通过对精液适度稀释，可以延长精子的存活时间，故有利于精液的保存和运输。

（2）常用稀释液

为增加精液容量而进行稀释时，可以采用以下两种稀释液：

1）0.9%氯化钠溶液。将氯化钠加入蒸馏水中，用玻璃棒搅拌使其充分溶解，然后用滤纸过滤，再经过煮沸消毒或高压蒸汽消毒。消毒后因蒸发所减少的水分，可用蒸馏水补充，以保持溶液原有浓度。

2）乳汁稀释液。先将乳汁（牛乳或羊乳）用4层纱布过滤在三角瓶或烧杯中，然后隔水煮沸消毒10~15 min，取出冷却后除去乳皮即可使用。

上述稀释方法简便易行，但只能用于即时输精，不能用于保存和运输精液，稀释数倍一般为1~3倍。

若需要高倍稀释，保存一定时间或远距离运送，根据相关研究和实践，常采用以下两种稀释液：

①1号液：柠檬酸钠1.4 g，葡萄糖3.0 g，新鲜卵黄20 g，青霉素10万IU，蒸馏水100 mL。

②2号液：柠檬酸钠2.3 g，胺苯磺胺0.3 g，蜂蜜10 g，蒸馏水100 mL。

若原精液每毫升精子密度为10亿个，活力0.8以上，可以进行10倍稀释；若密度为20亿个，活力0.9以上，可进行20倍稀释。然后用安瓿瓶分装，用纱布包好，置于5~10 ℃的冷水保温瓶内储存或运输。但在运输过程中，要防止剧烈震荡和变温。

9. 输精

（1）输精准备

输精是人工授精的最后一个环节，也是最重要的技术之一，能否及时、准确地把精液输送到母羊生殖道的适当部位，是保证受胎的关键。输精前应做好各方面的准备，确保输精工作的正常实施。

1）母羊准备。母羊经发情鉴定后，确定已到输精时间，将其牵入保定栏内保定，外阴清洗消毒，尾巴拉向一侧。

2）器械准备。输精所用的器械均应彻底洗净后严格消毒，再用稀释液冲洗后才能使用。每头母羊备一支输精管，如果用同一支输精管给另一头母羊输精，则须消毒处理后方能使用。

3）精液准备

①常温保存精液。须轻轻晃动后升温至 35 ℃，精子活力不低于 0.6。

②低温保存精液。升温后活力在 0.5 以上。

③冷冻精液。解冻后活力不低于 0.3。

4）人员准备。输精人员在输精前要穿好工作服，用肥皂水洗手并擦干，用 75%酒精消毒后，再用生理盐水冲洗。

（2）输精基本要求

1）输精时间。母羊输精后是否受胎，掌握合适的输精时间至关重要。输精时间是根据母羊的排卵时间、精子在母羊生殖道内保持受精能力的时间以及精子获能的时间等确定的。母羊的输精时间应根据试情制度确定。每天一次试情，在发情当日及半日后各输精一次；每天两次试情，发现母羊发情后隔半日进行第一次输精，再隔半日进行第二次输精。

2）输精量、输精次数及有效精子数。一般来讲，体形大、经产、子宫松弛的母羊输精量大些，体形小、初配母羊输精量小些；液态保存的精液，其输精量比冷冻精液多一些。在人工授精的实际工作中，由于母羊发情持续时间短，且很难准确掌握发情开始时间，所以，当天抓出的发情母羊应在当天配种 1~2 次（若每天配一次时在上午配，配两次时上午、下午各配一次），如果第二天继续发情，则可再配。

（3）母羊的输精

绵羊和山羊都采用阴道开张器法。由于羊的体形较小，为操作方便，提高效率，可在输精架后设置一坑，或安装可升降的输精台架。在一些地区，由助手抓住羊后肢使其倒立保定，也比较方便。

1）输精操作。将待配母羊牵到输精室内的输精架上或室外横栏杆上固定好，并将其外阴部消毒干净。输精人员右手持输精器，左手持开膣器，先将开膣器慢慢插入阴道，再将开膣器轻轻打开，寻找子宫颈。如果在打开开膣器后发现母羊阴道内黏液过多或有排尿表现，应先让母羊排尿或设法使母羊阴道内的黏液排净，然后将开膣器插入阴道，细心寻找子宫颈。子宫颈附近的黏膜颜色较深，当阴道打开后，可向颜色较深的方向寻找子宫颈口，以便顺利找到。找到子宫颈口后，将输精器前端插入子宫颈口内1~2 cm，并用拇指轻压活塞，注入原精液0.05~0.1 mL或稀释原精液0.1~0.2 mL。如果是初配母羊，阴道狭窄，开膣器插不进去或打不开，无法寻见子宫颈时，就只能进行阴道输精，每次至少输入原精液0.2~0.3 mL。

2）输精注意事项。在输精过程中，如果发现母羊阴道有炎症，而又要使用同一输精器中的精液进行连续输精时，在对有炎症的母羊输精之后，须用75%的酒精棉球擦拭输精器进行消毒，以防母羊间传染疾病。但使用酒精棉球擦拭输精器时，要特别注意棉球上的酒精不宜太多，而且只能从后部向尖端方向擦拭，不能倒擦。在酒精棉球擦拭后，必须用0.9%的生理盐水棉球重新擦拭一遍，才能对下一只母羊进行输精。

3）输精后用具的洗涤与整理。输精器用后要立即用温碱水或洗涤剂冲洗，再用温水冲净，以防精液黏固在管内，然后擦干保存。

开膣器先用温碱水或洗涤剂冲洗，再用温水冲净，擦干保存。其他用具根据性质不同分别洗涤和整理，然后放在柜内或桌上的搪瓷盘中，用布盖好，避免尘土污染。

模块 3　羊的妊娠诊断、接产、助产与护理

一、母羊的妊娠诊断

妊娠诊断的方法很多，目前常采用的方法有以下两种。

1. 外部观察法

外部观察法主要观察母羊的营养状况、胎动、腹部轮廓、乳房等外部表现，以及在腹壁外触诊胎儿、听取胎儿心音等，主要包括视诊、触诊等。

（1）视诊

母羊妊娠后，性情温顺、安静，行为谨慎；食欲增加，膘情好转，毛色润泽；腹围增大，腹部两侧大小不对称，孕侧下垂突出，肋腹部凹陷；乳房逐渐胀大；排粪尿次数增加，但量不多；出现无规律胎动。视诊的缺点是不能早期确诊是否妊娠和妊娠的确切时间，妊娠后期（2~3 月后）右腹壁下垂突出。

（2）触诊

隔着母体腹壁触诊胎儿及胎动，凡触及胎儿者均可诊断为妊娠。检查者面向羊的后部，用两腿夹住羊的颈部，再用两手从左右两侧伸入腹下兜住羊的腹部前后滑动，触摸有硬块即为胎儿。

2. 阴道检查法

阴道检查法主要是检查阴道黏膜色泽、黏液性状及子宫颈形状，一般可作为妊娠诊断的辅助方法。

（1）受检母羊

妊娠2.5个月以上的母羊。

（2）准备工作

1）保定：置被检母羊于保定架中，并将其尾缠绷带扎于一侧。

2）消毒：对检查用具及受检母羊外阴进行彻底消毒。

（3）母羊妊娠时阴道黏膜及黏液的变化

用开膣器刚打开阴道时，黏膜为白色，但在几秒钟后就变为粉红色，此为妊娠症状；未孕时阴道黏膜为粉红色或苍白色，且由白色变为红色的速度较慢。若插入开膣器有干涩感，阴道壁上静脉明显，黏液量少、透明，开始时稀薄，20天后变稠，能拉成丝状，为已妊娠症状；若黏液量多、稀薄，色灰白而呈脓样，多为未孕。

二、母羊的接产与助产

1. 产羔前的准备工作

（1）接羔棚舍及用具的准备

我国地域辽阔，各地自然生态条件和经济发展水平有所差异，接羔棚舍（在较寒冷地区可以用塑料暖棚）及用具的准备应因地制宜，不能强求一致。例如，青海规定300只产羔母羊至少应有接羔舍90 m^2，有条件的单位面积还可以更大一些，暂时没有条件修建接羔舍者，应在羊舍内临时修建接羔棚；每个产羔母羊群至少要有10个分娩栏，50~80个护腹带，2~4个接羔袋。新疆要求每只冬产母羊接羔舍的面积为2 m^2左右，分娩栏为产羔母羊数的10%~15%。

产羔工作开始前3~5天，必须对接羔棚舍、运动场、草架、饲槽、分娩栏等进行修理和清扫，并用3%~5%的氢氧化钠溶液或10%~20%的石灰乳溶液或其他消毒药品进行彻底消毒。消毒后的接羔棚舍应做到地面干燥、空气新鲜、光线充足、挡风御寒。

接羔棚舍内可以分大、小两处，大的一处放母子群，小的一处放初产母子。运动场内亦应分成两处，一处圈母子群，羔羊小时白天可以留在这里，羔羊稍大时，供母子夜间停宿；另一处圈待产母羊群。

（2）饲草料的准备

从牧草返青时开始，将接羔棚舍附近避风、向阳、靠近水源的地方用土墙、草坯或铁丝网围起来，作为产羔用草地，其面积可以根据产草量、牧草的植物学组成以及羊群的大小、质量等因素决定，但至少应足够产羔母羊一个半月的放牧用。

有条件的羊场及农牧民饲养户，应当为冬季产羔的母羊准备充足的青干草、质地优良的农作物秸秆、多汁饲料和适当的精料等；对春季产羔的母羊也应准备至少可以舍饲 15 天所需要的饲料。

（3）接羔人员的准备

接羔是一项繁重而细致的工作，因此，每个产羔母羊群除主管牧工以外，还必须配备一定数量的辅助劳动力，才能确保接羔工作的顺利进行。

每个产羔母羊群配备辅助劳动力的多少，应根据羊群的品种、质量、规模、营养状况，是经产母羊还是初产母羊，以及各接羔点当时的具体情况而定。

产羔母羊群的主管牧工及辅助接羔人员，必须分工明确，责任落实到人。在接羔期间，要求坚守岗位，认真负责地完成自己的工作任务，杜绝一切事故的发生。在接羔前，组织所有参加接羔的工作人员学习有关接羔的知识和技术。

（4）兽医人员及药品的准备

在产羔母羊比较集中的乡、村或场队，应设置兽医站（点），购足产羔期间母羊和羔羊常见病防治的必需药品和器材。除平时值班兽医一人外，还应临时增加一人，以便巡回检查，做到及时防治。

此外，对一些常见病、多发病，可以将预防药物按剂量包好，交给经过培训的放牧员，按规定及时投服。

2. 接羔

（1）临产母羊的特征

母羊临产前，乳房肿大，乳头直立；阴门肿胀潮红，有时流出浓稠黏液；肷窝下陷，尤其以临产前 2~3 h 最明显；行动困难，排尿次数增多；起卧不安，不时回顾腹部，或喜卧墙角，卧地时两后肢向后伸直。

（2）产羔过程

母羊在正常分娩时，在羊膜破后几分钟至 30 min 左右，羔羊即可产出。正常胎位的羔羊，出生时一般是两前肢及头部先出，并用头部紧靠在两前肢的上面。若是双羔，一般先后间隔 5~30 min，但也偶有长达数小时以上的。因此，当母羊产出第一只羔羊后，必须检查是否还有第二只羔羊，方法是以手掌在母羊腹部前侧适力颠举，若为双羔，可以感触到光滑的羔体。

（3）接羔技术

在母羊产羔过程中，非必要一般不应干扰，最好让其自行娩出。但有的初产母羊因骨盆和阴道较为狭小，或双胎母羊在分娩第二只羔羊并已感疲乏的情况下需要助产。具体方法是：助产人员在母羊体躯后侧，用膝盖轻压其肷部，等羔羊嘴端露出后，用手向前推动母羊会阴部，待羔羊头部露出后，用一只手托住头部，另一只手握住前肢，随母羊的努责向后下方拉出胎儿。若因胎势异常或其他原因导致难产时，应及时请有经验的畜牧兽医技术人员协助解决。

（4）初生羔羊的护理

羔羊产出后，首先把其口腔、鼻腔里的黏液掏出擦净，以免呼吸困难、吞咽羊水而引起窒息或异物性肺炎。羔羊身上的黏液，最好让母羊舔净，这样对母羊认羔有好处。如果母羊恋羔性弱时，可以将胎儿身上的黏液涂在母羊嘴上，引诱它舐净羔羊身上的黏液。如果母羊不舐或天气寒冷时，可以用干净抹布或柔软干草迅速把羔羊擦干，以免受凉。

（5）假死羔羊的急救

如果碰到分娩时间较长，羔羊出现假死的情况时，欲使羔羊复苏，一般采用两种方法：一种方法是提起羔羊两后肢，使羔羊悬空，同时拍其背胸部；另一种方法是使羔羊卧平，两手有节律地推压羔羊胸部两侧。暂时假死的羔羊，经过以上处理后，即能复苏。

（6）羔羊断脐

羔羊出生后，一般情况下都是由自己扯断脐带。在人工助产下分娩的羔羊，可以由助产人员剪断脐带，断前可以用手把脐带中的血向羔羊脐部捋几下，然后在离羔羊肚皮 3～4 cm 处剪断并用碘酊消毒。

3. 助产

（1）助产前的准备工作

1）产房的准备。产房应宽敞、光照充足、通风良好、干燥清洁、温度适宜；地面和墙壁要平整，地板上应铺一层长短和厚度适宜的褥草；便于彻底消毒。母羊产前 1～2 周送入产房。

2）药械及用品准备

①器械。注射器及针头，常规产科器械，剪刀等。

②药品。75%酒精，2%～5%碘酊，0.1%煤酚皂溶液及消炎粉等。

③用品。肥皂，脸盆，毛巾等。

3）助产人员。助产人员应受过专门的训练，熟悉母羊的分娩规律，有责任心和吃苦精神。

（2）正常分娩的助产技术

1）对母羊外阴部及周围环境进行消毒。对分娩母羊的外阴部、肛门、尾根和后躯，先后使用肥皂水和清水洗净并擦干，对外阴部用酒精棉球擦拭消毒。

2）检查胎儿和产道的关系是否正常。检查胎儿的姿势是否正常，主要是通过触诊头、颈、胸、腹、背、尾及前后肢的形态，判断胎儿的方向、位置及姿势。在检查胎儿和产道关系的同时，可以对骨盆大小、阴道和子宫颈的松软扩张程度进行检查。

3）胎膜处理。胎儿在产出时若头部露出阴门而胎膜未破时，助产人员应立即予以撕破，以免胎儿发生窒息，将露出的胎儿鼻孔内的黏液擦净，以利于胎儿呼吸。

4）观察母羊的阵缩和努责状态。助产人员应注意观察母羊努责是否正常，如果发现努责不正常时，应立即采取适当措施，协助牵拉出胎儿。牵拉胎儿所必须遵循的原则：

①牵拉时胎儿姿势必须正常。

②牵拉时要配合母羊努责，还可以推压母羊腹部，增加努责力量。

③按照骨盆轴的方向牵拉，牵拉两前肢可以水平向后拉。

④胎儿臀部将要排出时，须缓慢用力，以免造成子宫内翻或脱出。

⑤胎儿腹部通过阴门时，要用手握住脐带根部，与胎儿同时牵拉，以免脐带断在脐孔内。

⑥当胎儿肩部通过骨盆入口时，应轮换牵拉两前肢，使肩部倾斜以缩小肩宽横径，便于拉出胎儿。

5）保护会阴及阴唇。胎儿头部通过阴门时，若阴唇及会阴部非常紧张，助产人员应用手搂住保护阴唇及会阴，使阴门横径扩大，促使胎儿头部顺利通过，以免阴唇上联合处被撑破撕裂。

6）避免脐带断在脐孔内。当胎儿腹部通过阴门时，应伸手到胎儿的腹下握住脐带根部和胎儿一起拉出，以免脐带断在脐孔内。

7）使用药物促使胎儿产出。若母羊产程延长并阵缩无力时，可以皮下注射催产素10~15 IU，以利于加强子宫的收缩，使胎儿较快排出。

8）防止新生羔羊摔伤。若母羊以立姿分娩排出胎儿时，要用手将胎儿接住，以防摔伤。

（3）羔羊护理

1）保证呼吸畅通。胎儿产出后若无呼吸应立即用草秆刺激鼻黏膜，或将其后肢提起抖动，或将胶管插入鼻腔及气管内，吸出黏液及羊水，以诱发呼吸。

2）脐带处理。在羔羊娩出时，脐带一般会被扯断，如果没断则需要剪断，以细线在距脐孔3 cm处结扎，向下隔3 cm再打一线结，在两结之间涂以碘酊后，用消毒剪剪断，也可以采用烙铁切断脐带。

3）擦干体表。对于出生后的羔羊，应立即擦干或令母羊舔干其身体上的黏液。

4）尽早吮食初乳。羔羊产出后，先从母体乳头内挤出少量初乳，再擦洗干净乳头，令羔羊自行吮乳或辅助其吮乳。

5）检查排出的胎膜。胎膜排出后，应检查是否完整，并从产房及时移出，防止母羊吞食胎膜。

（4）难产及其救助技术

1）难产的分类

①产力性难产。因分娩母羊阵缩及努责微弱、破水过早等引起。

②产道性难产。因子宫扭转、子宫颈狭窄、阴道及阴门狭窄、子宫肿瘤等引起。

③胎儿性难产。因胎儿过大、双胎，胎儿姿势不正，胎儿位置不正，胎儿方向不正等引起。

2）难产的临床检查

①产道检查。主要检查产道是否干燥，有无损伤、水肿或狭窄，

子宫颈的开张程度，产道有无畸形、肿瘤，并注意流出的液体颜色和散发的气味是否正常。

②胎儿检查。检查胎儿正生或倒生的情况，胎位、胎向、胎势以及胎儿进入产道的程度，判断胎儿的死活以确定救助方式和方法。

3）难产的救助原则

①保护母子安全。尽力保护母子安全，避免母羊产道损伤和感染，注意保护母羊的繁殖力。

②母羊保定。母羊采用横卧保定，尽量将胎儿的异常部位向上，以便于操作。

③润滑产道。为便于推回矫正或拉出胎儿，向产道内灌注大量润滑剂。

④矫正复位。矫正胎儿异常姿势时，应将胎儿推回子宫，以便于操作。

⑤配合分娩动力。牵拉胎儿要配合阵缩和努责进行，并注意保护母羊会阴。

4）难产的助产技术

①头颈侧弯。将产科绳缚在两前肢腕关节上，用器械或产科梃将胎儿推入子宫，然后将绳套缚住下颌部或以手握住胎头，拉直头颈。

②头颈下弯。可以将手掌平伸入骨盆底，握住唇端，将胎儿头颈部推入子宫，必要时套以产科绳或产科钩，将胎头向前拉直，连同两前肢一同拉直胎儿。

③头向后仰。用产科梃将胎儿推入子宫，以产科绳缚在下颌部拉直胎头。

④前肢腕关节屈曲。先以产科梃将胎儿推入子宫，用手握住腕部并向上抬起，沿着腕部下移握住蹄部，在阵缩间歇时将前肢完全伸直而引入骨盆。

⑤肩部前置。将手伸入产道，握住腕关节或缚以产科绳牵拉，使肘关节和腕关节屈曲，再以前肢腕关节屈曲胎势的方法进行矫正。

⑥后肢跗关节屈曲。先将胎儿推入子宫内，以手握住跗关节将后肢向上抬起，再握住胎蹄向后牵拉，使后肢向后伸直，将胎儿矫正成倒生姿势。

⑦臀部前置。先将胎儿推入子宫，然后握着跗关节向后牵拉成跗关节屈曲，再以后肢跗关节屈曲胎势的方法进行矫正。

⑧下位和侧位。母羊仰卧保定后，将胎儿推入腹腔，当处于下位时，可用手握住胎儿的右肩或左肩（或股部），将胎儿沿纵轴旋转 90°成侧位，再旋转 90°成上位。

⑨横向。先抬高母羊的臀部，以产科梃向母羊前方抵住胎儿的臀端或肩胸部，将另一端向子宫颈口外方向牵拉，将胎儿矫正成为纵向的正生或倒生。若同时出现其他胎势异常时，也一并进行矫正。

⑩胎儿过大。先在产道内充分灌入润滑剂，再依次牵拉前肢以缩小胎儿肩部的横径，配合母羊阵缩和努责，将胎儿拉出。

⑪双胎。首先将两个胎儿身体的各部分区分开，然后用产科绳缚住前面或上面的胎儿向前拉，而将另一胎儿推入子宫内，再依次拉出。

⑫小母羊。小母羊产道的子宫壁较薄，胎水流出较早，产道缺少胎水，故应向产道中灌入润滑剂。由于骨盆容积小，手臂不能伸入，只能以手指操作，可以用产科钳固定并拉出胎儿。

5）难产的预防。在饲养管理措施上，切勿使未达到体成熟的母羊过早配种。母羊妊娠期间，应进行合理的饲养，安排适当的运动，以保证胎儿的生长，维持母羊的健康。产前半个月可作牵遛运动。

三、产羔母羊及羔羊的护理

1. 羔羊护理

羔羊护理的原则是“三防、四勤”，即防冻、防饿、防潮和勤检查、勤配奶、勤治疗、勤消毒。接羔室和分娩栏内要经常保持干燥，潮湿时要勤换干羊粪或干土。接羔室内温度不宜过高，要求在-5~5 ℃。羔羊护理的具体要求如下。

（1）母子健壮，母羊恋羔性强

产后一般让母羊将羔羊身上的黏液舔干，羔羊自己吃上初奶或在帮助下吃上初奶以后，放在分娩栏内或室内均可。在高寒地区，天冷时还应给羔羊带上用毡片、破皮衣制作的护腹带。若羔羊产在牧地上，吃完初奶后要用接羔袋背回。

（2）精心护理

母羊营养差、缺奶、不认羔导致羔羊发育不良时，出生后必须对其精心护理。注意保温、配奶，防止踏伤、压死。出生后先擦干身上黏液，配上初奶。如果天冷，要将羔羊装在接羔袋中，连同母羊一起放在分娩栏内，待羔羊健壮时从袋内取出。要勤配奶，每天配奶次数要多，每次吃奶量要少，直到母子能够相认，羔羊能自己吃上奶时，再放入母子群。对于缺奶和双胎羔羊，要另找保姆羊。

（3）特殊护理

对于病羔，要做到勤检查，早发现，及时治疗，特殊护理。不同疾病采取不同的护理方法，打针、投药要按时进行。一般体弱拉稀羔羊，要做好保温工作；患肺炎羔羊，住处不宜太热；积奶羔羊，不宜多吃奶。

2. 产羔母羊在产羔期间的护理

产羔母羊在产羔期间的护理可以分成三小群进行管理，即待产母羊群、三天以上母子群、三天以内母子群。

(1) 待产母羊群夜宿羊圈。

(2) 三天以上母子群，气候正常时，可以赶到产羔草地放牧、饮水或放在室外母子圈，如果羔羊小，可将羔羊放入室内。

(3) 三天以内母子群，应将母子均留在接羔室。如果母子均健壮，可提前放入三天以上母子群；如果羔羊体弱，可延长留圈时间，对留圈母羊必须补饲草料和饮水。

3. 对体弱羔羊、不认羔的母羊及其所产羔羊的护理

对于这类羊应将其放在分娩栏内，白天天气好时，可以将室内分娩母子移到室外分娩栏，晚间再移到室内，直到羔羊健壮时再归入母子群。

4. 对细毛羊和肉用羊的纯、杂种羔羊的护理

此类羔羊吃饱奶后爱睡觉，如果天气热、卧地太久，胃内奶会急剧发酵而引起腹胀，随即拉稀。所以，在草地或圈内，不能让羔羊多睡觉，应常将其赶起走动。天气变化时，应立即赶回接羔室，防止因受冻而引起感冒、肺炎、拉稀等疾病。

5. 临时编号

为了便于母子群的管理，避免引起不必要的混乱，应对母子群进行临时编号，即在母子同一体侧（单羔在左、双羔在右）编上相同的临时号码。

四、断尾和去势

断尾和去势的时间，最好在产后 2~3 周时进行。

1. 断尾

断尾应选择在晴天的早晨进行，一般常用断尾铲断尾。断尾处离尾根大约 4 cm，在第三至第四尾椎之间，但母羔以盖住外阴部为宜。断尾铲烧至灼热，断尾速度不宜太快，应边烙边切，以避免流血。断尾后可以用浓度为 2%~3%的碘酊涂抹伤口进行消毒。

2. 去势

凡不适宜做种用的公羔均应进行去势。去势也要选择在晴天的上午进行，由一人固定住羔羊的四肢，并使羔羊的腹部向外，另一人将阴囊上的毛剪掉，再在阴囊下 1/3 处涂上碘酊消毒，然后用消毒过的手术刀将阴囊下部切除一段，将睾丸挤出，慢慢拉断血管和精索，最后在伤口处涂上消毒药物即可。

断尾、去势 1~3 天后，应进行检查，如果发现有化脓、流血等情况，则要及时进行处理，以防进一步感染，造成羊只损失。

第6单元 饲料加工调制

饲料是支撑畜牧业高效发展的重要物质基础，饲草料生产数量的多少和质量的优劣，直接影响畜牧业的效益和可持续发展性。目前，我国西北部草原沙漠化加剧，可耕地面积减少，导致饲料不足的状况日益严峻。

模块1　粗饲料的加工调制

粗饲料的加工调制是为了保证饲料的品质，减少营养成分的损失，增加饲料适口性，提高饲料的营养价值和利用率。对某些不能直接饲用的副产品，经过加工调制后可以变成饲料，有利于扩展饲料来源。粗饲料经过加工调制后，应结合饲用特点进行利用。

一、干草加工调制

干草是将天然或栽培的青绿牧草（或其他青绿饲料作物），在未结籽实前刈割下来，经晒干（或其他办法干制）而制成的一种饲料。由于干草是由青绿植物制成，在干制后仍然保留一定的青绿颜色，故又称为青干草。牧草或饲料作物调制成的干草，叶量丰富、质地较柔软、气味芳香、适口性好，并含有较多的蛋白质、维生素和矿物质，能有效保留饲料的营养成分。

在干草调制的过程中，应尽可能缩短牧草的干燥时间，减少营养成分的损失，避免因雨淋、露水浸湿造成的霉烂。

1. 牧草及饲料作物的刈割

刈割是干草生产中的一个重要环节，直接关系到饲料的品质。牧草和饲料作物的种类不同，最适宜的刈割期也不尽相同。牧草刈割重视产量和品质，而饲料作物的刈割期不但要看茎叶的产量和品质，更重视籽实的成熟程度。因此，牧草的最适刈割期为现蕾期至开花期，饲料作物的最适刈割期则多为籽实成熟中期（蜡熟期）。豆科牧草一般在现蕾期至开花期的综合生产指标最高，大部分禾本科牧草综合生产指标最高的时期是在抽穗开花期。

2. 牧草的干燥

青绿牧草的含水量一般为65%～85%，一般需要降低到15%～18%，才能抑制植物酶和微生物的活动，从而达到长期保存的目的。干燥方法一般可以分为自然干燥法和人工干燥法。

（1）自然干燥法

利用阳光或环境温度使牧草脱水，达到干制目的。用这种方法制成的干草，营养成分损失在20%左右，其中胡萝卜素损失在70%甚至80%以上，这是由于机械、光、热、氧化、细胞呼吸等共同作用的结果。

1）田间干燥法。牧草刈割后就地干燥4～6 h，待含水量降至40%～50%时，用搂草机搂成草垄继续干燥。当牧草含水量降到35%～40%，牧草叶片尚未脱落时，用集草器集成草堆，经2～3天可以完全干燥。

2）架上干燥法。雨多地区或逢阴雨季节晒草，宜采用架上干燥法。在架上晾晒的牧草，要堆放成圆锥形或星脊形，注意堆得蓬松些，厚度不超过70～80 cm，离地面20～30 cm。堆中应留通道，以利空气流通。外层要平整，保持一定倾斜度，以便排水。根据天气情况，在架上干燥1～3周。

晒草季节如遇阴雨连绵，可将已割下的牧草平铺风干，使水分减少到50%左右，然后分层堆积，高3~5 m，新割的草也可以堆为草堆。为防止发酵过度应逐层堆紧，每层可撒上牧草重量0.5%~1%的食盐，这种调制方法，实质上是介于干草与青贮饲料之间。堆放2~3天后，堆内温度可以上升到60~70 ℃，未干草料所含水分受热蒸发，并产生一种酸香味。调制褐色干草，需30~60天的时间才可以完成，也可以适时把草堆打开，使水分蒸发。

（2）人工干燥法

人工干燥法就是通过人工热源加温使牧草迅速脱水。干燥时间越短，营养物质损失越少。人工干燥法包括以下三类。

1）常温通风干燥法。又称“草库干燥”，是利用高速风力，将半干牧草所含水分迅速风干，可以将其看作晒制干草的一个补充过程。

2）低温烘干法。此法利用加热的空气，将牧草水分烘干。干燥温度如果为50~70 ℃，则需5~6 h；如果为120~150 ℃，则只需5~30 min完成干燥。

3）高温快速干燥法。利用液体或煤气加热的高温气流，使切成2~3 cm长的牧草在数分钟甚至数秒钟内，水分含量降到10%~12%。在合理加工的情况下，牧草中的营养物质可以保存90%~95%，营养物质消化率，特别是蛋白质消化率不会显著降低。

3. 干草的加工

（1）草捆

待牧草干燥到含水量15%~18%时，用打捆机进行打捆，以便于运输和储存。这样既可以减少牧草所占的体积和运输过程中的损失，还可以有效防止叶和花絮等柔嫩部分折断而造成的机械损失，并能保持干草的芳香气味和色泽。根据打捆机的种类不同，可以将牧草打成小方捆、大方捆和大圆柱形草捆。

（2）草粉

为了减少牧草中营养物质的损失，常将牧草制成草粉。加工草粉的原料主要有优质豆科牧草和禾本科牧草。干草用锤式粉碎机粉碎，制成干草粉。

（3）草粒

将草粉通过制粒机压制成草粒，直径为0.64~1.27 cm，长度为0.64~2.54 cm。草粒能降低氧化作用，也可以在制粒时加入抗氧化剂，减少胡萝卜素等养分的损失。

4. 干草的储藏

干草应储藏在羊舍附近，方便取用。规模较大的储草场应设在交通方便、平坦干燥、离居民区较远的地方。储草场周围应设置围栏或围墙。干草如果储藏不当，会发霉变质，饲用价值降低，失去加工调制的意义。严重时，还会引起火灾。

（1）散干草的储藏

当干草水分含量为15%~18%时可以进行堆藏。垛成圆形或长方形草垛，草垛大小依据干草量而定。堆垛时选择干燥的地方，以免干草与地面接触而发霉变质。草垛下层用树干、砖块等作底，厚度不小于25 cm，并在草垛周围挖排水沟。垛草时要一层一层地进行，并将各层压紧，特别是草垛的中部和顶部。散干草的堆藏方式虽然经济，但易受日晒、雨淋、风吹等不良条件的影响，营养成分会有所损失，高者可损失20%~30%，还可能使干草发霉变质。

（2）草捆的储藏

草捆体积小、密度大，可以储藏在专用的仓库或干草棚。

5. 干草的品质鉴定

干草品质的好坏，一般根据干草的营养成分评定，即通过化学分析方法，测定干草中水分、干物质、粗蛋白质、粗脂肪、粗纤维、无氮浸出物、粗灰分、维生素和矿物质的含量以及各种营养物质的消化率，评价干草的品质。但在生产实践中，由于条件的限制，采用定量分析的方法较难实现，故往往采用感官判断的方法，一般情况下主要根据以下因素对干草进行品质鉴定和分级工作。

（1）颜色气味

干草的颜色是反映其品质优劣最明显的标志。优质干草呈绿色，绿色越深，其营养物质损失就越少，所含可溶性营养物质、胡萝卜素及其他维生素越多，品质就越好。适时刈割而制成的干草都具有浓厚的芳香气味。如果干草有霉味，则说明品质不好。

（2）叶量

干草中叶片的营养价值较高，所含的矿物质、蛋白质比茎秆中多，消化率高。干草中的叶量越多，品质就越好。鉴定时取一束干草，看叶量的多少就可以确定干草品质的好坏。禾本科牧草的叶片不易脱落，优质豆科牧草的干草中叶量应占干草总重量的50%以上。

（3）刈割时期

适时刈割牧草是影响干草品质的重要因素。在初花期或初花以前刈割，干草中会含有花蕾，未结籽实的枝条较多，叶量也多，茎秆质地柔软，适口性好，品质也好。若刈割过晚，干草中叶量少，带有成熟或未成熟的枝条多，茎秆坚硬，适口性、消化率都下降，品质变差。

（4）干草组成

干草中各种牧草所占的比例也是影响干草品质的重要因素。例如，豆科牧草所占比例大，干草品质较好；杂草数量多时，干草品质较差。

（5）含水量

干草的含水量应为15%~18%。若含水量较高则不宜储藏。

小知识

判断干草水分含量的方法

干草束握紧或搓揉时无干裂声，干草拧成草辫松手时干草束散开缓慢且不完全散开，用手指弯曲茎上部不易折断时为适宜含水量。

干草束握紧时发出破裂声，草辫松手后迅速散开，茎易折断说明太干燥，易造成机械损伤，草质较差。

草质柔软，草辫松手后不散开，说明含水量太高，易导致草垛发热或发霉，影响草质。

6. 干草的饲用

干草是一种较好的粗饲料，养分含量均衡，蛋白质品质完善，胡萝卜素及钙含量丰富，尤其是幼嫩的青干草，可供各生长阶段的羊大量采食。将干草与青贮饲料混合饲用，可以提高羊的采食量，增加维生素 D 的摄入量；将干草与多汁饲料混合饲喂泌奶山羊，可以增加干物质及粗纤维的采食量，保证奶山羊的产奶量和乳脂含量。

二、秸秆加工调制

秸秆中纤维素含量较高，经过加工调制后，能改善原有的理化性质，增强适口性，提高羊的采食速度和采食量，提高消化率，同时也可以降低饲养成本，提高养羊经济效益。秸秆的加工调制过程包括：

1. 铡短和粉碎

秸秆可以切短至 2～3 cm 长或用粉碎机粉碎，便于羊采食和咀嚼，能加快其通过瘤胃的速度，采食量可以增加 20%～30%，使羊消化吸收的营养总量增加。

2. 浸泡

秸秆铡短或粉碎后，用清水或淡盐水浸泡使其软化，可以增强适口性，提高采食量。但用此种方法调制的饲料，水分不能过大，应按用量处理，浸泡后一次性喂完。

3. 秸秆碾青

在晒场上，先铺上约 30 cm 厚的秸秆，再铺约 30 cm 厚的鲜苜蓿，最后在苜蓿上铺约 30 cm 厚的秸秆，用石滚或镇压器碾压，把苜蓿压扁，汁液流出后被秸秆吸收。这样既可以缩短苜蓿干燥时间，减少养分的损失，又可以提高秸秆的营养价值和利用率。

4. 制作秸秆颗粒饲料

将秸秆、秕壳和干草等粉碎后，根据羊的营养需要，配合适当的精料、糖蜜（糊精和甜菜渣）、维生素和矿物质添加剂混合均匀，用机器生产出不同大小和形状的颗粒饲料。秸秆和秕壳在颗粒饲料中的适宜含量为 30%~50%。这种饲料营养价值全面，而且易于保存和运输。

三、粗饲料的饲喂

经调制的粗饲料主要用于舍饲羊或放牧羊群的冬春季补饲。放牧羊每天晚上补饲 1 次。下雪和产羔期每天早晚各补饲 1 次，若饲料充足还可以夜喂 1 次。饲喂没有铡短的干草时最好设置草架饲喂，饲喂铡短的粗饲料应在食槽上饲喂，以防止羊抢食而弄脏饲料，造成浪费。

模块 2　青贮饲料的加工制作

青贮是在密闭厌氧条件下利用乳酸菌的活动，降解以可溶性碳水化合物形式存在的发酵底物，产生乳酸，从而降低 pH 值，使其他有害微生物的繁殖受到抑制；或通过凋萎措施使绝大多数微生物呈生理干燥状态，从而达到保存饲料和长期使用的目的。

一、青贮发酵过程

1. 植物细胞有氧呼吸阶段

该阶段植物细胞保持正常状态，能进行呼吸，温度上升。在镇压良好而水分适当时，青贮容器内的温度维持在20~30 ℃。如青贮饲料不加镇压，且水分过少，温度高达50 ℃时，青贮饲料品质变劣。在好气性细菌及霉菌等的作用下而产生醋酸，此阶段越短对青贮饲料的保存越有利。

2. 乳酸菌厌氧发酵阶段

青贮饲料在重压下逐渐排出空气，氧气被二氧化碳所代替，好气性细菌停止活动，此时在厌氧性乳酸菌的作用下进行糖酵解而产生乳酸，发酵过程开始。

3. 青贮饲料稳定阶段

该阶段乳酸菌迅速繁殖，形成大量乳酸，酸度增大，pH值小于4.2，腐败菌、丁酸梭菌等死亡，乳酸菌的繁殖也被自身产生的酸所抑制。如果产生足够的酸，青贮饲料即转入稳定状态，可以长期保存而不腐败。

二、青贮发酵条件

根据青贮的基本原理，制作青贮饲料的主要环节是掌握青贮饲料中生物生长发育的特性和规律，利用乳酸菌在厌氧条件下发酵，把糖转变成乳酸作为一种防腐剂长期保存饲料。因此，制作青贮饲料的关键是为乳酸菌创造必要的条件。常规青贮必须满足以下三个条件。

1. 适宜的水分

适宜的水分是保证青贮过程中乳酸菌正常活动的重要条件之一，一般青贮原料含水量应为65%~75%，水分过多或过少都会影响发酵过程和青贮饲料品质。

判断青贮原料含水量的简单方法为扭折法和揣握法。

（1）扭折法是将青贮原料在切碎前用手折茎秆，若不能折断，且其柔软的叶子也无干燥迹象，这表明原料的含水量适当。

（2）揣握法是抓一把切碎的饲料用力揣握，然后将手慢慢松开，观察汁液和团块的变化情况。如果手指间有汁液流出，则表明原料的含水量高于75%；如果团块不散开，且手掌有水迹，则表明原料含水量为65%~75%；如果团块慢慢散开，手掌潮湿，则表明原料含水量为60%~68%，是制作青贮料的最佳含水量；如果原料不成团块，而是像海绵一样突然散开，则表明原料含水量低于60%。

2. 适宜的含糖量

适宜的含糖量是乳酸菌发酵的重要条件。青贮原料含糖量过低时，有利于梭状芽孢杆菌的生长繁殖，会使蛋白质腐败。玉米、高粱、禾本科牧草、甘薯藤等饲料含有丰富的糖分，易于青贮；苜蓿、三叶草等豆科牧草含糖量较低，不宜单独青贮。

3. 创造厌氧条件

为了给乳酸菌创造良好的厌氧生长繁殖条件，应特别注意装填原料时的镇压以及封窖时的覆盖压实工作，密封越严越好，尽量缩短装窖时间。近年来出现的牧草包裹青贮技术，采用了机械辅助及专用拉伸膜袋，这样可使青贮饲料密度高，压实密封性好，成品品质高。

小知识

由于农忙，对于玉米收割后一时来不及青贮的玉米秸秆，也可以进行黄贮，即茎秆尚保持青绿色而叶片已变干、变黄者，可作黄贮。黄贮时要加入适量水分，使含水量达到70%左右。制作方法同青贮。经过黄贮的玉米秸秆比干玉米秸秆的适口性好，营养成分损失少，利用率高。

三、青贮步骤与方法

1. 常规青贮饲料的制作

（1）原料刈割

要求尽量保持原料的新鲜和青绿，水分含量在70%~75%的情况下刈割最好。青贮原料过早刈割，水分多，不易储存；过晚刈割，营养价值降低。玉米收割后的玉米秸秆不应长期放置，宜尽快青贮。禾本科牧草在抽穗初期、豆科牧草在孕蕾及初花期刈割较好。刈割后应尽快加工青贮。

（2）运输及铡短

必须在短时间内将原料运输到青贮地点，原料不要长时间在阳光下暴晒。铡短有利于踩实、压紧，沉降均匀，养分损失少；切铡时注意防止叶、花絮等细嫩部分的损失。饲用饲料铡短的长度：一般禾本科、豆科及叶菜类为2~3 cm，玉米和向日葵等粗茎植物以0.5~2.0 cm为宜。

（3）装填和压实

选择晴天进行，尽量一窖当天装完，防止变质与雨淋。最好是边铡边入窖；窖内要清理干净，装填时可以先在窖底铺一层10 cm厚的干草，四壁衬上塑料薄膜，然后把铡短的原料逐层装入，铺平、压实，特别是容器的四壁与四角要压紧。由于封窖数天后青贮原料会下沉，最上面一层应高出窖口0.5~0.7 m。

（4）封严及整修

原料装填完毕要及时封严，以隔绝空气与原料的接触，并防止雨水进入。先用塑料薄膜覆盖，然后用土封严，四周挖排水沟。也可以先在青贮原料上盖15 cm厚的干草，再盖上厚湿土，窖顶制成隆凸圆顶。封顶后2~3天，在下陷处填土，使其紧实隆凸。

2. 特殊青贮饲料的制作

（1）低水分青贮

低水分青贮又称半干青贮。青贮原料经刈割风干，含水量达到45%~55%时，腐败菌、酪酸梭菌及乳酸菌达到生理干燥状态，使繁殖受到限制。制作时要使青贮原料尽快风干，一般应在刈割后24~30 h内（豆科牧草含水量达到50%左右，禾本科牧草达到45%左右）装窖、压实、封严。低水分青贮因含水量低，干物质含量比一般青贮饲料高1倍以上，具有无酸味或微酸、适口性好、色深绿、养分损失少的特点。采用低水分青贮技术可以解决豆科牧草单独青贮不易成功的问题。在生产中，二茬苜蓿刈割时正值雨季，晒制干草常遇雨霉烂，故调制低水分青贮是很好的选择。

（2）添加剂青贮

为更有效地提高青贮饲料的品质和营养价值，可以在青贮原料中适当加入添加剂，将不易青贮的原料加以利用，扩大青贮原料的范围。其他操作方法与常规青贮相同。常用的青贮添加剂有尿素、酸类、抑制剂、酶制剂、乳酸菌和一些营养物质等。添加剂对青贮发酵作用的影响主要包括：

1）促进乳酸发酵，可以添加各种可溶性碳水化合物，接种乳酸菌、加酶制剂等，能够迅速产生大量乳酸，使pH值很快达到3.8~4.2。

2）抑制不良发酵，如添加各种酸类、抑制剂等，可以阻止腐败菌等不利于青贮的微生物的生长。

3）提高青贮饲料的营养物质含量，如添加尿素、氨化物，可以增加蛋白质的含量。在粗蛋白质含量较少的原料（如玉米秸秆、高粱秸秆等）中添加尿素，可以增加其蛋白质含量。

四、青贮饲料品质鉴定

青贮饲料品质鉴定以感官鉴定为主，必要时在有条件的地方可以做实验室鉴定。

1. 感官鉴定

根据青贮饲料的颜色、气味和质地等指标进行评定。青贮饲料感官鉴定指标见表6-1。

表6-1　　青贮饲料感官鉴定指标

等级	颜色	气味	质地
优等	绿色或黄绿色	芳香味浓，酸味浓	柔软湿润，保持茎、叶、花原状，松散
中等	黄褐色或暗绿色	芳香味淡，酸味中等	基本保持茎、叶、花原状，柔软，水分稍多或稍干
劣等	褐色或黑色	刺鼻腐臭味，酸味淡	茎叶结构极差，黏滑或干燥，粗硬，腐烂

2. 实验室鉴定

采用中性pH试纸测试并观察颜色，评定青贮饲料的品质等级。青贮饲料实验室鉴定指标见表6-2。

表6-2　　青贮饲料实验室鉴定指标

等级	试纸颜色	pH
优等	红、乌红、紫红	3.8~4.4
中等	紫、紫蓝、深蓝	4.6~5.2
劣等	蓝绿、绿、黑	5.4~6.0

五、青贮饲料的饲用

1. 打开青贮窖

饲料青贮30~50天后，便可以开窖取用，随用随取。青贮窖打开后应逐层或逐段，从上往下分层取用，并防止发生二次发酵，已发霉变质的青贮饲料不能喂羊。取料后应随即盖严料面，以免冻结或发霉腐败。

2. 饲喂青贮饲料

青贮饲料应放在食槽内饲喂，切忌撒在地面上喂。喂量要由少到多，先与其他饲料混喂，使羊逐渐适应，防止发生腹泻。一般适应期 5~7 天。青贮饲料的喂量：大型品种绵羊 4~5 kg/（天・只）；羔羊 400~600 g/（天・只）。妊娠母羊产前 15 天停喂青贮饲料。青贮饲料不能单独饲喂，应与干草或秸秆搭配使用，效果较好。喂奶山羊时，因其有气味，最好在挤奶后再饲喂。

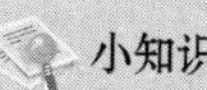

小知识

妊娠母羊喂青贮饲料时最好加温，切忌喂带冰茬的霉烂变质青贮饲料；喂量不宜过多，防止发生流产，一般在产前两周停喂。

模块 3　秸秆的氨化与微贮

一、秸秆氨化

秸秆的氨化处理，就是在秸秆中加入一定比例的氨水、无水氨（液氨）、尿素等，促使木质素与纤维素、半纤维素分离，使部分纤维素及半纤维素分解，细胞膨胀，结构疏松，破坏木质素与纤维素之间的联系，从而提高秸秆的消化率、营养价值和适口性。经过氨化处理的秸秆消化率提高 20%~30%，可以直接喂羊。

1. 氨化方法

目前，处理秸秆所用的氨有气氨、液氨和固氨三种，一般多用液氨。氨化秸秆的含水量应达到 20%~30%。常见的氨化处理方法有：堆垛氨化法、窖贮氨化法、缸贮氨化法、袋贮氨化法等。

（1）堆垛氨化法

1）氨化前准备

①选择新鲜、干净、干燥、色鲜的秸秆，不能使用发霉变质的秸秆。贮藏过的秸秆也可以氨化，但应干净、干燥。要将切碎秸秆的含水量调节为20%。

②氨化剂最好使用氨水或无水氨，氨化效果好、作用快、价格便宜。氨化麦秸时，氨水添加量为麦秸重量的12%，无水氨为3%，尿素为3%。各秸秆垛的重量可以按未切碎风干秸秆的平均密度计算：新麦秸垛为55 kg/m^3，旧麦秸垛为79 kg/m^3；新玉米秸垛为79 kg/m^3，旧玉米秸垛为99 kg/m^3。再将平均密度乘以秸秆垛的体积，即为该秸秆垛的重量。根据秸秆垛的重量可以计算出注入氨量的多少。

小知识

某一新麦秸垛（密度为55 kg/m^3）的长、宽、高分别为4.6 m、4.6 m和2.1 m，注入秸秆干物质重量3%的液氨进行氨化，则该麦秸垛所需液氨量为：4.6×4.6×2.1×55×3%=73.32（kg）。

③塑料薄膜选用无毒、抗老化和气密性好的聚乙烯塑料薄膜，厚度不低于0.2 mm。严禁使用聚氯乙烯薄膜，以防毒害。一般下铺6 m×6 m，上盖10 m×10 m的塑料薄膜，一次可氨化长麦秸1.5 t或短麦秸3 t。塑料薄膜的焊接可以用300~500 W的电熨斗进行。薄膜及焊接口不得有漏气现象。

④氨水或无水氨需用注氨管注入秸秆垛中。用尿素溶液进行氨化作业时，应配备水桶、喷壶及秤等设备，无须注氨管。

2）氨化步骤

①薄膜检查。检查塑料薄膜是否有破损。若漏气应及时修补好。

②场地准备。对堆垛场地应清理、整平，中部微凹陷，以储蓄

氨水。

③铺膜。将塑料薄膜就地铺好，将长度方向折叠 3/5，置于上风处，余下的 2/5 铺在场地地面上。

④堆垛。将秸秆堆垛在用塑料铺底的场地上，薄膜四周各留出 45~75 cm 的边，用于上下折叠压封。用氨水处理时可以一次堆垛到顶，顶部呈凸形或脊形，以防积水。用无水氨处理时，在堆垛过程中将塑料注氨管置放于垛中，以备注氨。如插注氨钢管，可以先放置一根木棒，待抽出后插入钢管。

⑤注氨或喷洒尿素溶液。注氨时要由经过培训的人员操作，要了解液氨的性质及钢瓶的构造与使用方法。为防止意外事故发生，须备有防毒面具、服装及大量清水、硼酸、食醋。在使用钢瓶时，应将钢瓶卧放，使液阀、气阀上下垂直在一条线上。尿素溶液按秸秆重量的 30%用水稀释。尿素溶液必须尽可能分层、均匀、细雾化地喷洒在麦秸上，只有这样，才能发挥良好的效果。

⑥控制氨化时间。氨水的化学反应比较缓慢，会受气温变化的影响。使用尿素溶液处理一般需要比用氨水延长 5~7 天，而且夏季应在荫蔽条件下进行，防止阳光暴晒直射，避免由于高温而限制脲酶活性，影响尿素的分解。

⑦放掉余氨。氨化好的秸秆开垛时有强烈的氨味。放氨方法是利用自然的日晒风吹，开垛放氨要选择晴天进行，气温越高越好。注意勿使氨化秸秆受到雨水浇淋。

3）氨化注意事项。在整个氨化过程中，应加强全程管理，防范人畜和冰雹雨雪的破坏。要注意密封，防止漏入雨水。

（2）窖贮氨化法

1）氨化准备

①窖准备。窖的大小可以根据需要确定。通常每立方米装切碎的风干秸秆 150 kg 左右。窖的形式是多种多样的。建造土窖或水泥

窖，深度一般不超过 2 m，窖的大小根据储量的多少而定。窖的形状为长、方、圆形均可，窖应四壁光滑，底微凹。如为土窖，应先在窖内铺一块塑料薄膜，薄膜的大小以密封好所储秸秆为宜。然后将切碎的秸秆填入窖中，装满后注入一定量氨水或尿素溶液，最后将塑料薄膜四周折叠、密封，压土封严。

②氨水用量。每 100 kg 秸秆氨水用量为 3 kg 除以氨水浓度，如氨水浓度为 15%，则每 100 kg 秸秆需氨水 3 kg÷15% = 20 kg。

③尿素用量。每 100 kg 秸秆需尿素 3～4 kg，加水 30 kg。

2）氨化步骤。先将秸秆切成 2 cm 左右，粗硬的秸秆可以短些，较柔软的可以稍长些。取 3～4 kg 尿素，加水 30 kg，将尿素溶液均匀喷洒在 100 kg 麦秸上，堆好踩实，最后用塑料布盖好封边，越严越好。

（3）缸贮氨化法与袋贮氨化法

将尿素溶液（用量与窖贮氨化法相同）均匀喷洒在麦秸上，然后装于缸或塑料袋中，封严即可。

氨化处理密封反应时间应根据气温并结合感官信息确定：环境温度 30 ℃以上，7 天；15～30 ℃，7～28 天；5～15 ℃，28～56 天；5 ℃以下，56 天以上。

2. 品质鉴定

（1）感官鉴定

氨化好的秸秆，质地变软，颜色呈棕黄色或浅褐色。如果秸秆变为白色、灰色，发黏或结块等，说明秸秆已经霉变，不能再喂牲畜。发生这样的问题，通常是因为秸秆含水率过高、密封不严或开封后未及时晾晒所致。如果氨化秸秆的颜色同氨化前基本一样，虽然也可以饲喂，但并没有氨化好。

（2）化学分析法

化学分析法是通过分析秸秆氨化前后各项主要指标，如干物质消化率、粗蛋白等，判定秸秆品质的改进幅度。

小知识

近年来，科研单位普遍应用生物技术法评定氨化秸秆的品质，即采用反刍动物瘤胃瘘管尼龙袋法测定秸秆消化率。据报道，采用绵羊瘤胃瘘管塑料袋消化试验方法测定的结果表明，氨化后秸秆降解率可提高 24.98%。

3. 预防氨中毒

饲喂前必须将氨完全放掉，不可以将带有氨味的秸秆喂羊。饲喂量应由少到多，使羊逐渐适应。刚开始饲喂时，可与干草等搭配，7 天后即可全部喂氨化秸秆；此外，饲喂氨化秸秆时应搭配一些精料混合料。

（1）中毒原因

1）氨化饲料开封后没有散氨就直接饲喂羊而引起中毒。

2）未断奶的羊羔因瘤胃中微生物区系尚未形成，进食氨化饲料过多会造成中毒。

3）以碳酸氢铵、尿素作氨源时，氨化时间过短，碳酸氢铵、尿素分解不完全而发生中毒。

（2）中毒症状

羊轻微的氨中毒表现为精神沉郁，反刍减少或停止，食欲减退或废绝，唾液分泌过多，步态不稳。严重者表现不安、呻吟、呼吸急促、肌肉震颤、动作失调、腹胀、口吐白沫、出汗不止，倒地直至窒息而死。慢性中毒的羊还表现有肺水肿、肾炎、尿道炎及代谢紊乱，特征是尿频而疼痛，从尿道排出脓性黏液。

（3）预防措施

1）根据当地气候条件，掌握好氨化成熟的时间；采用尿素作为氨源时，要使其完全溶解。

2）掌握好散氨的时间。一般晴天在 10 h 以上，阴雨天在 24 h 以上。以饲料稍有氨味、但不刺激鼻和眼为度。晾的时间过长，会影响氨化效果。

3）氨化窖要建在羊舍外干燥处，或与羊舍邻接的房间内。

4）未断奶的羔羊，禁止饲喂氨化饲料。

小知识

发现羊有氨中毒现象时，要立即停喂氨化饲料，并根据中毒原因及时救治。

1. 消化道受损害时，可以灌服食醋 1.5 kg，同时灌服 1 L 清水或白糖水，并服 1.5 kg 生鸡蛋清或 2~5 kg 牛奶。

2. 对尿素中毒者，可以用硫代硫酸钠静脉注射，同时应用高渗葡萄糖、葡萄糖酸钙、水合氯醛等对症治疗，以提高疗效。

3. 对慢性中毒者，除选用以上药物外，有炎症的可以选用青霉素、链霉素等。

二、秸秆微贮

将经过机械加工和微生物制剂发酵处理的秸秆贮存在一定设施内的技术称为秸秆微生物发酵贮存技术，简称微贮技术。

1. 微贮饲料的制作方法

（1）水泥窖微贮法

窖壁、窖底采用水泥砌筑，农作物秸秆铡切后入窖，按比例喷洒菌液，分层压实，窖口用塑料薄膜盖好，然后密封。这种方法的优点是一次性投入，经久耐用，窖内不易透气进水，密封性好，适合大中型窖和每年都连续制作微贮的窖。

（2）土窖微贮法

在窖的底部和四周铺上塑料薄膜，将秸秆铡切入窖，分层喷洒菌液并压实，窖口再盖上塑料薄膜覆土密封。这种方法的优点是成本较低，简便易行。

（3）塑料袋窖内微贮法

根据塑料袋的大小先挖一个圆形的窖，然后把塑料袋放入窖内，再放入秸秆分层喷洒菌液并压实，将塑料袋口扎紧，覆土密封。这种方法适合处理 100~200 kg 的秸秆。

（4）打捆窖内微贮法

秸秆经打捆机打成方捆，喷洒菌液后入窖，填充缝隙，封窖发酵，出窖后揉碎饲喂。这种方法的好处是开窖取料方便。

2. 微贮饲料的制作程序

（1）菌种复活

以处理 1 000 kg 秸秆为例，具体做法：将 3 g 活干菌溶于 2 kg 自来水中，在常温下静置 2 h；也可以先加 20 g 白糖于水中充分溶解，然后再加入活干菌溶解，静置 2 h，可以提高菌种复活率。复活好的菌剂一定要当天用完，不可隔夜使用。

（2）配制菌液

将复活好的菌剂倒入充分溶解的 0.8%~1.0%食盐水中拌匀。菌种、食盐和自来水的用量为：处理 1 t 稻麦秸秆，使用秸秆发酵活干菌 3 g，食盐 9~12 kg，自来水 1 200~1 400 kg；处理 1 t 黄玉米秸秆，则以上物质用量分别为 3 g、6~8 kg 和 800~1 000 kg。

（3）切短秸秆

用于微贮的秸秆一定要切短，一般长度为 3~5 cm。

（4）秸秆入窖

在窖底铺放 20~30 cm 厚的秸秆，均匀喷洒菌液，压实后铺放 20~30 cm 厚秸秆，再喷洒菌液压实，直到高于窖口 30~40 cm 再封口。如果窖内当天未装满，可以盖上塑料薄膜，第二天装窖时揭开薄膜继续装填。分层压实和密封的目的是使秸秆与外界空气隔绝，保证微贮窖内呈厌氧状态。在喷洒菌液和压实的过程中，要随时检查微贮秸秆含水量是否合适，各处是否均匀一致。要特别注意层与层之间水分的衔接，以免出现夹干层。

小知识

含水量的检查方法是取秸秆试样，用双手扭拧。若有水往下滴，其含水量为80%以上；若无水滴，松开手后看到手上水分很明显，则含水量为60%左右。微贮饲料含水量以60%~70%最为理想。

（5）封窖

将秸秆分层压实直到高出窖口30~40 cm，经充分压实后，在最上面一层均匀撒上食盐，再次压实后盖上塑料薄膜。食盐的用量为250 g/m^2，其目的是确保微贮饲料上部不发生糜烂变质。盖上塑料薄膜后，在上面撒20~30 cm厚的稻麦秸秆，覆土15~20 cm，密封。

3. 微贮饲料的使用与注意事项

微贮饲料一般须在窖内贮存12~30天才能取用。取料时要从一角开始，从上到下逐段取用，每次取出量应以当天喂完为宜，并且每次取用后必须立即将口封严。微贮饲料由于在制作时加入了食盐，这部分食盐应在饲喂时从日粮中扣除。

优质的微贮玉米秸秆呈橄榄绿色，稻麦秸秆呈金黄色，手感松散，柔松湿润，有醇香和果香味，并略带酸味。如秸秆变成褐色或墨绿色，说明质量较差。如有腐臭、发霉味，则不能饲用。微贮秸秆可以作为日粮中的主要粗饲料，饲喂时可以与其他草料搭配，也可以与精料同喂。开始饲喂时要有一个适应过程，应循序渐进，逐步增加饲喂量。当羊完全适应后，可以任其自由采食。饲喂量一般每日每只1.5~2.5 kg。

秸秆发酵活干菌处理秸秆的温度为10~40 ℃，在我国北方地区除冬季外，春、夏、秋三季都可以制作，南方大部分地区全年都可以制作。

微贮饲料无毒、无害，安全可靠，不易发霉腐败，能长期保存。另外，微贮饲料取用方便，随需、随取、随喂，不需要晾晒。制作技术简便，与传统青贮相似，易学易懂，容易普及推广。

第7单元 疾病防治

模块1　羊场防疫技术

一、防疫概述

随着养羊业的发展，现代化、规模化的羊场相继出现。做好防疫工作已成为羊场的重点，因疫病一旦发生，就会严重影响羊场的发展，造成巨大的经济损失。做好防疫工作，应贯彻实行预防为主，预防与控制、净化、消灭相结合的方针，采取综合性防疫措施。综合性防疫措施包括日常预防措施和疫病扑灭措施两部分。

1. 日常预防措施

（1）加强饲养管理

实行科学的饲养管理，能够使羊只保持良好的抗病力和理想的生产性能，这是预防疫病的基础。不喂发霉变质饲料，不饮污水和冰冻水，使羊膘肥体壮，从而提高个体的抗病力。

（2）搞好环境卫生与消毒工作

保持圈舍、场地和用具的卫生，经常清扫圈舍，对粪便、尿等污物集中堆积发酵。同时定期用消毒药品对圈舍场地进行消毒，防止疫病的传播。

（3）拟订和执行免疫接种及补种计划

对羊群进行免疫接种，是预防和控制疫病的重要措施。要制定科学的免疫程序，制订周密的免疫接种计划，并按时进行接种。

接种各种疫苗需要经过一定时间才能产生免疫力，故应根据各种传染病的发病季节，做好相应的免疫接种计划。接种疫苗应注意羊群情况以及母源抗体等因素的影响。

（4）定期驱虫

改变过去传统的防治方法，使单一寄生虫病防治改为有组织、有计划的主要寄生虫病综合防治。

（5）做好检疫工作

不随意从外地引种，以减少病原的传入机会。如果需要从外地引种时，应做到不从疫区购买，新买入的羊要隔离检疫，确认健康无病方可与原来的羊群混饲。从国外引进优良品种时，除口岸检疫外，入场前还应隔离检疫，若发现病羊，应立即严格处理。

2. 疫病扑灭措施

（1）从事动物饲养、经营等活动的单位和个人，依照《中华人民共和国动物防疫法》和相关主管部门的规定，做好免疫、消毒、检测、隔离、净化、消灭、无害化处理等动物防疫工作，承担动物防疫相关责任。

（2）发现羊群染疫或者疑似染疫的，应立即向所在地农业农村主管部门或者动物疫病预防控制机构报告，并迅速采取隔离等控制措施，防止动物疫情扩散。

（3）采取迅速隔离病羊，全面消毒，紧急免疫接种，及时治疗或淘汰病羊，无害化处理病羊尸体及污染物等综合性防疫措施。

二、消毒技术

消毒是消灭散播于外界环境中的病原微生物，切断传播途径，阻止疫病继续蔓延的重要防疫措施之一。羊场要建立切实可行的消毒制度，定期对羊舍、用具、地面土壤、污水、粪便等进行消毒。

1. 消毒药品的分类

(1) 高效消毒剂

甲醛、戊二醛、环氧乙烷等消毒剂是高效消毒剂，其气体和液体均有较强的杀灭微生物作用。过氧乙酸、过氧化氢等也属于高效消毒剂。高锰酸钾、氢氧化钠（又称苛性钠、火碱）等高效消毒剂，常用于环境等的消毒。

(2) 中效消毒剂

常用的碘制剂多数为中效消毒剂，常用于皮肤、黏膜的消毒。苯酚、甲酚、煤酚皂溶液（来苏尔）等具有中等消毒水平，不能杀死芽孢，常用于浸泡消毒和皮肤、黏膜的消毒。乙醇（酒精）属于中效消毒剂，不能杀死芽孢，消毒作用比较快，常用于皮肤和诊疗器械的涂擦消毒。

(3) 低效消毒剂

新洁尔灭（苯扎溴铵）、度米芬、消毒净等对细菌繁殖体有广谱杀灭作用，作用快而强，毒性较小，但属于低效消毒剂，常用于皮肤、黏膜和外环境的消毒。乳酸、醋酸、水杨酸等药物虽然有杀菌和杀真菌的作用，但作用弱，属于低效消毒剂。氯已定也属于低效消毒剂，对细菌繁殖体的杀灭作用较强，但不能杀死细菌芽孢、病毒等，常用于皮肤、黏膜消毒，也可以对物体表面消毒。

2. 常用消毒药品

常用消毒药品的浓度及使用注意事项见表 7-1。

表 7-1　　常用消毒药品的浓度及使用注意事项

消毒药品	浓度	使用注意事项
氢氧化钠溶液	1%～2%的溶液用于病毒性和细菌性污染的消毒；5%的溶液用于芽孢消毒	对金属有腐蚀性，亦能灼烧皮肤和黏膜

续表

消毒药品	浓度	使用注意事项
石灰乳 （1份生石灰加 1份水制成熟石灰）	10%~20%的混悬液用于墙壁、地面、粪渠和污水沟的消毒	对一般病原体有效，对芽孢无效
来苏尔	3%~5%的溶液用于器械和手的消毒；5%~10%的溶液用于圈舍和排泄物等的消毒	对一般病原体有效，对芽孢无效；有臭味，不能用于食物、冷库等的消毒
漂白粉 （有效氯含量 25%~32%）	10%~20%的乳剂用于羊舍、车辆、排泄物的消毒；5%的乳剂用于饲槽、水槽等的消毒；与粪便以1∶5的比例混合消毒	现配现用，不能用于金属用具和有色棉织品的消毒；有轻微毒性，使用时注意人畜安全
新洁尔灭	0.05%~0.1%的溶液用于手消毒；0.1%的溶液用于皮肤、黏膜和器械的浸泡消毒	对化脓性病原菌、肠道细菌、部分病毒有很好的杀灭作用，对结核分枝杆菌和真菌的作用弱；对芽孢起抑制作用；不适用于饮水消毒
环氧乙烷	可用于毛皮、精密仪器等的熏蒸消毒，常用浓度为40%~60%，消毒时间为6~24 h	对芽孢有很好的杀灭作用；对气体和液体有较强的杀菌作用；其蒸气遇明火极易爆炸，所以储存或消毒过程中要远离火源；对羊和人都有毒性

3. 消毒方法

（1）消毒前的准备

消毒前必须清除有机物、污物、粪便、饲料、垫料等；选择合适的消毒药品；配备喷雾器、火焰喷射枪、消毒车辆、消毒防护用具（如口罩、手套、防护靴）、消毒容器等。

（2）消毒方法选择

1）金属设施设备的消毒，可以采取火焰、熏蒸和冲洗等方式消毒。

2）羊舍，车辆，屠宰加工、储藏场所等，可以采用消毒液清洗、喷洒等方式消毒。

3）羊场的饲料、垫料、粪便等，可以采取堆积发酵或焚烧等方式处理。

（3）消毒注意事项

1）生石灰遇水产生高温，应在搪瓷桶、盆或铁锅中配制。

2）对于有腐蚀性的消毒药品如氢氧化钠，在配制时，应戴橡胶手套操作，严禁用手直接接触，以免灼伤。

3）对配制好的有腐蚀性的消毒液，应选择塑料或搪瓷桶、盆储存备用，严禁储存在金属容器中，避免损坏容器。

4）大多数消毒液不易久存，应现用现配。

4. 羊舍的消毒

羊舍的消毒分两步进行：第一步进行机械清扫，第二步进行化学药物喷洒消毒或蒸气消毒。

（1）机械清扫前先喷洒清水，以免灰尘及微生物飞扬。然后扫除地面、饲槽等处的粪便、垫草及残余的饲料等污物，扫除的污物按粪便消毒法处理。水泥地面的羊舍，在扫除污物后，再用清水冲洗效果更好。

（2）化学药物喷洒消毒，先由离门远处开始，对地面、墙壁、天花板、饲槽、水槽等，按一定的顺序均匀喷湿，最后打开门户通风，用清水刷洗饲槽，除去消毒剂味。

（3）化学药物蒸气消毒，常用福尔马林蒸气，用量按照畜舍空间计算，每立方米用福尔马林 25 mL、水 12.5 mL，两者混合后，再放入高锰酸钾（或生石灰）25 g。消毒前将羊赶出羊舍，舍内的管理用具、物品等适当摆开，门窗密闭，室温不得低于正常室温

（15~18 ℃）。药物反应可以在金属桶中进行，用木棒搅拌，几秒即可看见刺激眼鼻的浅蓝色蒸气，人员须迅速离开羊舍，并将门关闭。经 12~24 h 后方可打开门窗通风。

5. 地面土壤的消毒

病羊停留过的畜圈、场地等，先铲除表土，清除粪便和垃圾，按粪便消毒法处理。小面积的地面土壤，可以用消毒液喷洒。大面积的地面土壤，可以用犁、镐等将土壤翻一下，在翻地的同时撒上漂白粉，一般传染病的用量为 0.5 kg/m^2，炭疽等芽孢杆菌的用量为 5 kg/m^2。漂白粉与土混合后，加水微润后原地压平。

6. 人员及物品的消毒

（1）饲养、管理等人员可以采取淋浴或紫外线消毒方法。

（2）衣、帽、鞋等可能被污染的物品，可以采取消毒液浸泡、高压灭菌等方式消毒。

三、免疫技术

免疫接种是根据特异性免疫的原理，采用人工方法给羊群接种疫苗（菌苗）、类毒素、免疫血清等生物制品，使羊体对相应病原体产生抵抗力，从易感动物转化为非易感动物，以达到保护羊个体乃至群体，预防和控制疫病的目的。

1. 免疫接种的分类

（1）预防免疫接种

为预防疫病的发生，对健康羊实施的有计划的免疫接种。

（2）紧急免疫接种

在发生疫病时，为迅速控制和扑灭疫病的流行而对疫区和受威胁区内尚未发病羊群进行的免疫接种。

（3）临时免疫接种

为避免某些疫病的发生而临时进行的免疫接种。

2. 免疫接种的准备

（1）根据羊群免疫接种计划，统计接种对象及数目，确定接种日期，准备足够的疫苗、器材，编制登记表册或卡片，安排并组织羊群按免疫程序有计划地进行免疫接种。

（2）免疫接种前，必须对所使用的生物制剂进行仔细检查，如果有不符合要求者，一律不能使用。

（3）为保证免疫接种的安全和有效，接种前应对预定接种的羊进行了解及临诊观察，必要时进行体温检查。凡体质过于瘦弱的羊、妊娠后期的母羊、未断奶的羔羊、体温升高或疑似病羊，均不应接种疫苗，后期及时补漏接种。

3. 免疫接种的方法

根据不同生物制剂的使用要求采用相应的免疫接种方法。

（1）皮下注射法

接种部位为颈侧、股内侧、肘后及耳根处，根据药液浓度，一般用 16~20 号针头注射。

（2）皮内注射法

接种部位为羊颈外或尾根皮肤皱襞或肩胛中央，使用带螺口的注射器及 19~25 号 1/4~1/2 的螺旋针头注射。也可以用 1 mL 蓝芯玻璃注射器及 24~26 号针头注射。

（3）肌肉注射法

在臀部或颈部肌肉丰满处注射，一般使用 14~20 号针头。

（4）经口免疫法

将可供口服的疫苗混于水中，让羊通过饮水而获得免疫，称为饮水免疫。将可供口服的疫苗用水稀释后拌入饲料，羊通过吃食而获得免疫，称为喂食免疫。经口免疫时，应按羊头数和每头羊平均饮水量或吃食量，准确计算需要的疫苗剂量。免疫前，应停饮或停喂半天，以保证每头羊均能饮用一定量的水或吃入一定量的饲料，稀释疫苗的水应纯净，不能含有消毒药品（如自来水中有漂白粉等），与饲料的温差以不超过室温为宜。已经混合好的饮水和饲料，进入羊只体内的时间越快越好，不能停放。

4. 生物制剂的保存、运送和用前检查

（1）生物制剂的保存

各种生物制剂应保存在低温、阴暗及干燥的场所，严格按说明书要求保存。菌苗、类毒素、免疫血清等一般保存温度为2～15 ℃，注意防止冻结。病毒性疫苗应在0 ℃以下冻结保存。在不同温度条件下保存，不得超过规定期限。超过有效期的制剂不能使用。

（2）生物制剂的运送

要求包装完善，防止因碰坏瓶子而散播活的病原微生物。在运输途中须避免日光直射和高温，并尽快送到保存地点或预防接种场所。大量运送应用冷藏车，少量运送应在低温条件下进行，以免疫苗失效。

（3）生物制剂的用前检查

各种生物制品用前均要仔细检查，有下列情况者不得使用：没有瓶签或瓶签模糊不清的；没有经过合格检查的；过期失效的；生物制剂的质量与说明书不符，如色泽、沉淀有变化，制剂内有异物、发霉和有臭味的；瓶塞不紧或玻璃瓶破裂的；没有按规定方法保存的。

5. 免疫接种的注意事项

在进行免疫接种时，应取得相关部门的支持，并商请给予人力保证，对场、户的饲养员、工人进行适当的兽医知识宣传，宣传内容包括免疫接种的基本原理及其在防治羊只传染病上的重要性，接种羊只的饲养管理条件等；准备适当的场地和保定工具，编制全部接种羊只的登记表册，并准备给羊只编号的器具，以免错乱而造成重复注射或漏注射。在进行免疫接种时应注意以下五点。

（1）工作人员要穿工作服及胶鞋，必要时戴口罩。工作前后均应洗手消毒，工作中不吸烟和进食。

（2）接种时应严格执行消毒及无菌操作。注射器、针头、镊子须经高压或煮沸消毒，注射时最好每只羊更换一个针头。注射部位的皮肤用 5%碘酊消毒，皮内注射及皮肤刺种可以用 70%酒精消毒，被毛较长的须剪毛后再消毒。

（3）取用疫苗时，先除去封口上的火漆或石蜡，用酒精棉球消毒瓶塞。瓶塞上固定一个消毒的针头专用于吸取药液，吸液后不拔出，用酒精棉包裹，以便再次吸取。给动物注射用过的针头，不能吸液，以免污染疫苗。

（4）疫苗必须均匀混合后才能使用。免疫血清不应振荡，沉淀的疫苗不应吸取，并须随吸随注射。须经稀释后才能使用的疫苗，应按说明书的要求进行稀释。已经打开瓶塞或稀释过的疫苗，必须当天用完，未用完的经处理后丢弃。

（5）因针筒排气溢出的药液，应吸收于酒精棉球上，并将其收集于专用瓶内，用过的酒精棉球、碘酊棉球和吸入注射器内未用完的药液都放入专用瓶内，集中处理。

四、粪便废弃物处理

1. 粪便处理

（1）焚烧法

此种方法是消灭病原微生物最有效的方法，故用于消杀最危险的传染病病畜的粪便（如炭疽等）。在地上挖一壕沟，宽 75~100 cm，深 75 cm，长度依粪便的多少而定，在距沟底 40~50 cm 处加一层铁梁（以不使粪便漏下为宜），铁梁下面放置木材，铁梁上面放置欲消毒的粪便，如果粪便太稀，则可以混合一些干草，以便烧毁。

（2）脱水干燥处理法

通过脱水干燥，使含水量降低至15%以下，既便于包装运输，又可以抑制羊粪中的微生物活动，减少养分（如蛋白质）损失。

（3）化学药品消毒法

用含2%～5%有效氯的漂白粉溶液，或者20%石灰乳，与粪便混合消毒。

（4）掩埋法

粪便与消毒剂混合后，深埋于地下，深度应达2 m左右。

（5）生物热消毒法

1）发酵池法。在距水源、居民点及牧场较远距离处（200～250 m）挖池，容积视粪便多少而定，池底、池壁可用砖和水泥砌成，使之不透水。如土质好，不砌也可以。使用时在池底先垫一层土，将粪便倒入池内，直至快满时，在粪便表面铺一层干粪便或杂草，再盖一层泥土封好，经1～3个月发酵后作肥料用。也可以利用沼气发酵池进行消毒。

2）堆粪法。在距场舍100～200 m以外的地方选一堆粪场。堆粪时，在地面挖一浅沟，深约20 cm，宽为1.5～2 m，长度随粪便多少而定。先将非传染性粪便或秸秆等堆至25 cm，上堆欲消毒的粪便，高达1～1.5 m后，在粪便的外面铺一层10 cm厚的非传染性粪便或杂草，最外层抹上10 cm厚的泥土。堆放3周左右后，即可作肥料用。

2. 污水处理

污水的处理方法有沉淀法、过滤法、化学药品处理法等。比较实用的是化学药品处理法，方法是将污水引入污水池后，加入化学药品（如漂白粉或生石灰）进行消毒，药品的用量视污水量而定。

五、病羊尸体处理

1. 尸体的运送

参与运送尸体的人员均应穿戴工作服、工作帽、胶鞋、手套、口罩、风镜。运尸车应不漏水，最好采用内壁钉有铁皮的特制运尸车。尸体装车前，车箱底部铺一层石灰，并先用蘸有消毒液的湿纱布，堵塞尸体的天然孔，防止流出分泌物和排泄物。尸体装车时，将与尸体接触的地面表土铲起，同尸体一起运走，并用消毒液喷洒消毒地面。装运过尸体的车辆、装运用具，以及参运人员被污染的衣物等，都应进行严格消毒。

2. 尸体的无害化处理

（1）高温煮熟处理法

将尸体分割成重 2 kg、厚 8 cm 的肉块，放在大铁锅内（有条件的可用蒸汽锅），煮沸 2～2.5 h，煮到深层肌肉切开为灰白色或灰色，肉汁无血色时即可。

（2）化制处理法

1）土灶炼制法。炼制时锅内先放 1/3 清水煮沸，再加入用作化制的脂肪和肥膘小块，边搅拌边将浮油撇出，最后剩下油渣，用压榨机压出油渣内的油脂。但这种方法不适合患有烈性传染病的羊尸体。

2）湿炼法。使用湿压机或高压锅处理患病羊尸和废弃物的炼制法。这种方法可以处理患烈性传染病的羊尸体。

3）干炼法。使用锅内带搅拌器的夹层真空锅。炼制时，将羊尸切割成小块，放入锅内，蒸汽通过夹层，使锅内压力增高，升至一定温度后，破坏炼制物结构，使脂肪液化从肉中析出，同时也能杀灭细菌。适用于炭疽、口蹄疫、猪瘟、布鲁氏菌病等。

湿炼法和干炼法需要使用一定的设备，大型肉类联合加工厂采用较多。在一般情况下可以用土灶炼制法。

（3）尸体掩埋法

1）在较大的动物交易所，装卸动物较多的车站、码头、屠宰场、养殖场、隔离场，要有传染病死亡动物掩埋地点。

掩埋地点应选择离住宅、道路、放牧地、池塘、河流等较远，地下水位低，土质干燥的地方。根据掩埋羊尸体的数量，一般挖长 2 m、宽 1.5 m、深 2~2.5 m 的坑。在掩埋时先向坑内撒一层新鲜石灰，将羊尸体投入后，再撒一层石灰，然后掩埋。埋后要注意防止有人私自扒出食用。

2）在一般较小的屠宰场或隔离场可以设一定规模的生物热尸体处理坑，利用生物热发酵将病原微生物杀死。尸坑为井式，深度为 8~10 m，宽为 1.5~2 m。坑口有一木盖，坑口周围加高，在距坑口木盖上面 0.5~1 m 处再盖一严密的盖，隔绝坑外空气进入坑内，可以促使尸体很快腐烂并发酵，一般 2~3 个月即可完全腐烂。此法适用于患非烈性传染病的羊尸体。

（4）尸体焚烧法

将患病羊的尸体、内脏、病变部分投入焚化炉中烧毁。还可以使用长方形坑焚烧法：挖一长方形坑，长 2.5 m、宽 1.5 m、深 0.6 m，将挖出的土堆在坑的四周围成土埂，坑内装满木柴，在坑口放上 3 根用水泡湿的横木，将尸体放在横木上，在尸体和木柴上浇柴油并点燃，直至尸体被烧成像黑炭一样为止，最后就地埋在坑内。尸体焚烧法的使用对象为国家规定的患有烈性传染病的羊只。

六、驱虫技术与药浴技术

患寄生虫病的羊，轻者身体消瘦、生长缓慢、发育受阻、繁殖力下降、板皮质量受损，重者可致死。因此，必须定期驱虫和进行药浴。

羊的寄生虫包括体内寄生虫和体外寄生虫。体内寄生虫主要有：

球虫、蠕虫、线虫、绦虫、吸虫、血液寄生虫等；体外寄生虫主要有：疥、螨、蜱、虱、蝇等。

1. 驱虫技术

（1）预防性驱虫

预防性驱虫又称计划性驱虫，主要目的是防止寄生虫病暴发，保证每年春秋各进行一次预防性驱虫。驱虫以驱除羊体内寄生虫为主，可以选用丙硫苯咪唑、左旋咪唑等，也可以采用伊维菌素、阿维菌素等注射剂，一次性驱除体内外寄生虫。

（2）治疗性驱虫

患寄生虫病的病羊出现临床症状须及时驱虫。病羊驱虫应在专门的场所进行，驱虫后应有一定的隔离时间，直至病原体排完为止，并立即无害化处理粪便。

（3）驱虫注意事项

1）驱虫方法主要为口服或拌料饲喂，也可皮下或肌肉注射药物，使用时要认真阅读说明。

2）驱虫时最好天气晴朗，在放牧之前进行。

3）准确掌握用量，保证用药安全。首先要正确估计羊个体重量，按大小准确计算药量，严格按操作规程给药。对新药应先做小群安全试验，确认安全后方可大批使用。

4）因妊娠母羊在羊群中是一个相对薄弱的群体，为避免妊娠母羊流产或早产等情况的发生，其发生疾病时一般只可少量使用一些毒性较低的外用药，内服药不用或极少用。可以在母羊生产后通过注射抗寄生虫药物进行驱虫。

5）驱虫后一周内要每天彻底清扫圈舍，粪便堆积发酵，以彻底消灭虫卵。放牧羊只应轮换草场，防止二次感染。

2. 药浴技术

为了预防体外寄生虫病的传播，每年春秋季要定期进行药浴。

在专设的药浴池或药浴设备内进行药浴，羊数少的农牧户，也可以进行缸浴和桶浴。预防性药浴的常用药物可以选择螨净、双甲脒、辛硫磷等。

（1）药浴应选择天暖、无风、日出时进行，一般以上午为好，以药浴后能很快干燥为宜。

（2）保证投药剂量准确，药液充分溶解或混悬，搅拌均匀，当天配制当天使用。药浴羊只浸浴时间须达 1 min，以浸透羊毛为原则，并按压羊头进入药液 3 次。

（3）药浴过程中注意及时补充药液，保持药液的有效浓度。

（4）药浴前要用体质较差的 3~5 只羊进行试浴，确定药液安全后再按计划组织药浴。

（5）先浴健康羊，后浴病弱羊、有外伤的羊，怀孕后期母羊暂时不能进行药浴；公羊、母羊和羔羊要分别入浴，以便调节药液浓度。

（6）浴前 8 h 应停止饲喂，浴前 2 h 让羊充分饮水，以防误饮药液。

（7）药浴后驱羊在固定区域排虫。

（8）药浴后应跟踪观察，中毒、伤残羊应及时抢救治疗。

（9）在药浴期间，为防止人员中毒，药浴人员应佩戴口罩和橡胶手套。

（10）用完的药液不能乱倒，防止羊误食。

模块 2　羊的常见传染病防治技术

一、口蹄疫

口蹄疫是由口蹄疫病毒引起的以偶蹄动物为主的急性、热性、高度接触性传染病。临床特点为口腔黏膜、蹄部、乳房等处形成水疱和烂斑，我国规定其为一类动物疫病。

1. 病原

口蹄疫病毒具有多型性和变异性，可以分为 A、O、C、亚洲Ⅰ、南非Ⅰ、南非Ⅱ、南非Ⅲ七种不同的血清型，各型之间不能交叉免疫。口蹄疫病毒具有较强的环境适应性，耐低温，在体外能耐寒几个月不死，因此冬季多发。该病毒对酚类、酒精、氯仿等不敏感，但对日光、高温、酸碱的敏感性很强。常用的消毒剂有 2%~3%的氢氧化钠溶液、30%的热草木灰、1%~2%的甲醛溶液、0.5%的过氧乙酸溶液、4%的碳酸氢钠溶液等。

2. 流行特点

本病流行特点是传播速度快、发病率高；成年羊只死亡率低，羔羊常突然死亡且死亡率高。病羊和带毒羊是本病的主要传染源，痊愈羊可以带毒 4~12 个月。病羊的呼气、唾液、粪尿、乳、精液及肉和副产品均可带毒。传播途径主要是消化道，还可以通过呼吸道、生殖道和伤口感染病毒；以直接或间接接触方式传播；通过人或犬、蝇、蜱、鸟等动物媒介传播；经车辆、器具等被污染物传播。如果环境气候适宜，病毒可随风远距离传播，这是本病广泛流行和远距离跳跃式发生的重要原因。

3. 症状

羊感染口蹄疫病毒后潜伏期为 2~4 天，有的一周左右出现症状。病羊体温升高，初期体温可达 40~41 ℃，精神萎顿，食欲减退或拒食，反刍减少或停止，脉搏和呼吸加快。病羊流涎很多，口腔黏膜发红，出现黄豆、蚕豆大小水疱，初期含淡黄色透明液，后变浑浊。水疱破溃后留下鲜红色湿润的烂斑。水疱常几个相连，形成一破溃面。水疱破溃后，病羊体温即明显下降，症状逐渐好转。

绵羊蹄部症状明显，口腔黏膜变化较轻。山羊症状多见于口腔，呈弥漫性口腔黏膜炎，水疱见于硬腭和舌面，蹄部病变较轻。羔羊发生出血性胃肠炎，常因心肌炎导致大量死亡。

4. 病变

除口腔、蹄部、乳房的水疱和烂斑外，病羊的气管、支气管、消化道黏膜有出血性炎症。心肌色泽较淡，质地松软，有弥散性斑点或条状出血，称为“虎斑心”，以心内膜的病变最为显著。

5. 诊断

根据流行病学及临床症状做出初步诊断，可以采取病羊水疱皮或水疱液、血清等送有关实验室进行确诊。

6. 防治

此病发病急、传播快、危害大，必须严格采取综合防治措施。

（1）国家对口蹄疫实行强制免疫，免疫密度必须达到100%。

（2）要加强检疫，不从疫区引进偶蹄动物及产品。

（3）一旦发生疫情，要遵照“早、快、严、小”的原则，严格执行封锁、隔离、消毒、紧急免疫接种、检疫等疫病扑灭措施。“早”即早发现、早扑灭，防止疫情的扩散与蔓延；“快”即快诊断、快通报、快隔离、快封锁；“严”即严要求、严对待、严处置，疫区的所有病羊和同群羊都要全部扑杀并进行无害化处理；“小”即适当划小疫区，便于做到严格封锁，在小范围内消灭口蹄疫，降低损失。只有在满足下列条件并报有关单位批准后，才能解除封锁：疫点内最后一只病羊死亡或扑杀后连续观察至少14天，没有新发病例；疫区、受威胁区紧急免疫接种完成；疫点经终末消毒；疫情监测阴性。

二、羊痘

羊痘包括绵羊痘和山羊痘，侵害绵羊的为绵羊痘，侵害山羊的为山羊痘。山羊、绵羊互不传染，绵羊比山羊更容易感染。绵羊痘是由绵羊痘病毒引起，是多种家畜痘病中危害最严重的一种急性、热性、接触性传染病，具有典型的病程，以在无毛或少毛的皮肤和黏膜上发生特殊的痘疹为特征。山羊痘的病原为山羊痘病毒，该病较少见，其临床症状和病理变化与绵羊痘相似，但症状较轻。感染痊愈后终生免疫。

1. 病原

绵羊痘病毒只引起绵羊发病，山羊痘病毒只引起山羊发病。

羊痘病毒对外界环境的抵抗力较强，在干燥环境中可以存活 6~8 周。病毒在痘疱浆液或水疱内含量较多，在干燥痂皮内能生存数年。但一般的消毒药物即可将其杀死，常用的消毒剂有 10%的漂白粉及 3%的硼酸，消毒效果很好。病毒在阳光直射和紫外线作用下可以迅速死亡。

2. 流行特点

羊痘可全年发生，但以冬末春初较多发。传染源主要是病羊和病愈带毒的羊，病毒存在于痘疹、水疱液、痘痂上皮和黏膜的分泌物内。病毒主要通过呼吸道传染，也可以经过消化道或受伤的皮肤、黏膜传染，饲养员、饲料、垫草、用具等都可以成为传播媒介。羊痘的流行最初是个别羊发病，而后逐渐蔓延全群，呈地方性流行或广泛流行。成年羊患病死亡率为 1%~2%，而羔羊的死亡率则很高，可达 50%以上。

3. 症状

本病潜伏期一般为 6~8 天。发痘前，病羊体温升高至 41~42 ℃，食欲、精神不振，呼吸和脉搏增速，鼻腔和眼结膜有卡他性炎症。1~4 天后，眼周围、唇、鼻翼、颊、乳房、外阴、四肢内侧等无毛或少毛部位的皮肤发生暗红色斑疹，并迅速发展为丘疹，疹块逐渐增大呈圆形、椭圆形和不规则形的凸出。质地坚硬，以后扩大成为顶端扁平水疱，内含清亮的浆液，能发展成出血性大疱或脓疱，中央可有脐凹，大小为 2~3 cm，最大可达 5 cm。随后脓疱破裂而内容物干涸，结痂而自愈。病程一般为 3 周，也可长达 5~6 周。有的羊症状较严重，痘疹密集，互相融合连成一片；有的皮肤发生坏死或坏疽；有的痘疱内出血。这些病例死亡率可达20%~50%，妊娠母羊可能引起流产。

4. 病变

瘦弱羊特别是羔羊，全身发痘严重，波及内脏，形成大小不等的结节，有的形成糜烂或溃疡，有的继发肺炎或肺部结节。

5. 诊断

根据流行病学、典型症状、自愈过程，一般不难诊断。实验室确诊的方法是将痂皮或活检组织放在电镜下观察，也可以在组织上培养病毒进行检测。

6. 防治

羊痘属于我国二类动物疫病，平时做好综合性防治措施很重要。在羊痘常发地区，每年定期开展预防羊痘弱毒疫苗接种，免疫期1年。

发生羊痘时，要立即上报疫情，将病羊及早隔离，对污染的用具、羊圈等彻底消毒。对未发病的羊紧急开展免疫接种，并封锁疫区，迅速控制和扑灭疫情。

7. 公共卫生

人是由于直接接触病羊或污染物而被感染，多见于牧羊人、兽医及屠宰人员等。一旦被感染，一般对症处理。对皮肤上的痘疮，涂以碘酊或紫药水；水疱或脓疱破裂后，应先用3%来苏尔或石炭酸洗涤，然后涂药；对黏膜上的病灶先用0.1%高锰酸钾洗涤后，涂以碘甘油或紫药水，并及时到医院就诊。

三、小反刍兽疫

小反刍兽疫（也称羊瘟）是由小反刍兽疫病毒引起的，以发热、口炎、腹泻、肺炎为特征的急性接触性传染病，我国将其列为一类动物疫病。

1. 病原

小反刍兽疫病毒与牛瘟病毒相似，乙醚、酒精、氢氧化钠等消毒药对其都有很好的杀灭作用。

2. 流行特点

山羊和绵羊是此病病毒唯一的自然宿主，山羊和绵羊易感，山羊发病率和病死率均较高。鹿、长角大羚羊、东方盘羊、瞪羚羊、骆驼也可感染发病。

本病主要通过直接或间接接触传播，感染途径以呼吸道为主。本病一年四季均可发生，以多雨季节和干燥寒冷季节多发。本病潜伏期一般为 4~6 天，也可达到 10 天。

3. 症状

山羊临床症状比较典型，绵羊症状一般较轻微。

主要表现为突然发热，第 2~3 天体温达 40~42 ℃，发热持续 3 天左右，病羊死亡多集中在发热后期。病初有水样鼻液，此后变成大量的黏脓性卡他样鼻液，易阻塞鼻孔造成呼吸困难，鼻内膜发生坏死。眼流分泌物，遮住眼睑，出现结膜炎。

发热症状出现后，病羊口腔内膜轻度充血，继而出现糜烂。初期多在下齿龈周围出现小面积坏死，严重者迅速扩展到齿龈、硬腭、颊、乳头及舌等处，坏死组织脱落形成不规则的浅糜烂斑。部分病羊口腔病变温和，可在 48 h 内愈合，并很快康复。

多数病羊发生严重腹泻或下痢，造成迅速脱水和体重下降。妊娠母羊可发生流产。易感羊群发病率通常达 60%以上，病死率可达 50%以上。特急性病例发热后突然死亡，无其他症状。

4. 病变

口腔和鼻腔黏膜糜烂坏死；并发支气管肺炎、肺炎；有时可见坏死性或出血性肠炎，盲肠、结肠近端和直肠出现特征性条状充血、出血，呈斑马状条纹；有时可见淋巴结特别是肠系膜淋巴结水肿，脾脏肿大并可出现坏死病变。

5. 诊断

根据流行病学、典型症状和病变，可以判定为疑似小反刍兽疫。确诊须结合实验室血清学或病原学检验。

6. 防治

加强饲养管理，加强种羊调运检疫管理。平时做好综合性防疫措施，有疑似小反刍兽疫，做好疫情上报、及时确诊、隔离、封锁、消毒、紧急接种、扑杀、无害化处理等控制、扑灭措施。

四、布鲁氏菌病

布鲁氏菌病是由布鲁氏杆菌引起的一种人畜共患传染病。本病的特征为生殖器官和胎膜发炎、流产和多种组织器官的局部病灶。

1. 病原

布鲁氏杆菌对自然因素的抵抗力较强，在适当的环境条件下，在污染的水和土壤中可以存活 1~4 个月，在皮毛上可以存活 2~4 个月，在乳、肉中可以存活 60 天，在粪中可以存活 120 天，在流产胎儿中至少可以存活 75 天，在子宫渗出物中可以存活 200 天。布鲁氏杆菌对热敏感，巴氏消毒法可以将其杀死，煮沸立即死亡，日光下直射 0.5~4 h 也可以杀死。常用的消毒药如 0.1%升汞、3%~5%来苏尔、2%福尔马林、5%生石灰乳均能将其杀死。

2. 流行特点

多种动物（羊、牛、猪、鹿、马、骆驼、犬、猫、兔等）和人均易感布鲁氏菌病或带菌。因此，本病的传染源十分广泛。羊对布鲁氏菌病非常易感，受感染的母羊在分娩或流产时，大量布鲁氏杆菌随着胎水、胎儿和胎衣排出，流产后的阴道分泌物及乳汁中都含有布鲁氏杆菌。感染的公羊可自精液及尿液排菌，成为布鲁氏菌病的传染源，在发情季节会到处扩散传播，非常危险。病羊排出的病原菌不仅可以通过污染的饲料、饮水经消化道传播，还可以通过损伤的黏膜、皮肤、呼吸道、眼结膜等途径传播，也可以经胎盘垂直传播。

3. 症状

本病潜伏期长短不一，短的半个月，长的 6 个月。羊感染布鲁氏菌病后多呈隐性感染，或仅表现为淋巴结炎，少数经潜伏期后全身出现症状。妊娠母羊最显著的症状是流产，常在怀孕 3～4 个月时发生流产，流产前出现分娩预兆，阴唇和阴道黏膜红肿，生殖道炎症引起阴道内流出淡褐色或灰绿色分泌物。流产胎儿多为死胎，或弱胎不久后死去。流产后可能发生慢性子宫炎，引起长期不孕。公羊感染后有的不显症状，有的表现出睾丸炎、附睾炎、前列腺炎、阴囊肿大及包皮炎、精子异常等生殖系统症状，也可以导致不育。还可能出现嗜睡、消瘦等症状，有时可能出现跛行。

4. 病变

隐性感染病例见不到明显的病理变化，或仅见淋巴结炎性肿胀。妊娠母羊可见阴道炎及胎盘、胎儿部分溶解，并伴有脓性、纤维素性渗出物和坏死灶。发病的公羊可见包皮炎，睾丸、附睾可能有炎性坏死灶和化脓灶。有时也出现关节炎、腱鞘炎或滑囊炎。布鲁氏杆菌除了存在于生殖系统组织器官外，还可以随血流到其他组织器官而引起相应的病变，如椎间盘炎、眼前房炎、脑脊髓炎等。

5. 诊断

引起羊流产、不育、睾丸炎、附睾炎、阴囊肿大等的原因比较复杂，根据流行病学和临床症状等只能作出初步诊断，确诊需要实验室检查。注意与钩端螺旋体病、弓形虫病等鉴别诊断。

（1）细菌学检验

从感染布鲁氏杆菌羊的组织和分泌物涂片中都可以检出病菌。

常采取流产胎衣、胎儿胃内容物或有病变的肝、脾、淋巴结等病变组织，制成涂片或触片后染色镜检。在有条件的情况下，也可以进行布鲁氏杆菌的分离培养。

（2）血清学检验

动物在感染布鲁氏杆菌7~15天可以出现抗体，检测血清中的抗体是布鲁氏菌病诊断和检验的主要手段。国内常用平板凝集试验对本病进行筛选，以试管凝集试验和补体结合试验进行实验室最后确诊。对于疑难病例，还可以选用抗人球蛋白试验、二巯基乙醇凝集试验和酶联免疫吸附试验等作为辅助诊断方法。

6. 防治

本病以预防为主，加强检疫并及时淘汰阳性羊，定期做好免疫工作。新购入的羊，应先隔离观察1个月，经检疫确认健康后才能饲养；种公羊在配种前要进行检疫，阳性者立即处理；发现患病羊立即隔离淘汰，同群羊严格检疫，污染的场地、栏舍及其他器具均应彻底消毒。流产物、阴道分泌物等要严格消毒并做深埋处理。同时，工作人员要做好兽医卫生防护工作。

7. 公共卫生

人可以感染布鲁氏菌病，其传染源主要是患病动物，一般不在人与人之间传染。所以，人对于布鲁氏菌病的预防与扑灭，有赖于对动物布鲁氏菌病的预防和扑灭。羊布鲁氏菌病对人的传染性较高，兽医工作人员、饲养人员在接触可疑羊，特别是流产病例时应注意防护。人感染后的临床症状是波浪热或间歇热、盗汗、全身不适、乏力、头疼、关节痛、神经痛、淋巴结肿大、体重减轻、肝脾肿大及生殖器官炎症等，必须进行血清学和细菌学检验才能确诊。布鲁氏杆菌进入机体后，巨噬细胞和其他吞噬细胞将其吞噬并运送到淋巴结和生殖道，临床中常用链霉素、卡那霉素、利福平等抗生素结合维生素治疗，一般只能达到临床治愈，很难清除病原，停药几个月后感染还可能反复，因此必须反复进行血液培养以检验疗效。慢性布鲁氏菌病的感染可持续多年。

五、炭疽

炭疽是由炭疽杆菌引起的急性、热性、败血性人畜共患传染病。本病特点是羊的天然孔出血，血液不易凝固，呈暗红色，尸僵不全，脾脏肿大，皮下和浆膜下结缔组织出血性浸润。

1. 病原

炭疽杆菌菌体长而直，有荚膜，在羊体内单个存在或 3~5 个菌体相连形成短链。炭疽杆菌一旦暴露于空气中，在一定温度下（12~42 ℃）就可以形成芽孢。繁殖体抵抗力不强，易被一般消毒剂杀灭，而芽孢抵抗力强，在干燥的室温环境中可以存活 20 年以上，在炭疽污染的土壤、皮张、皮毛中可存活数年。牧场一旦被污染，芽孢可存活 20~30 年。直接日光暴晒 100 h、煮沸 40 min、140 ℃干热 3 h、110 ℃高压蒸汽作用 60 min，以及 20%漂白粉、10%氢氧化钠溶液、2%~4%甲醛溶液、新配 5%苯酚溶液和 20%含氯石灰溶液等均能将芽孢杀灭。炭疽芽孢对碘特别敏感，对青霉素、先锋霉素、链霉素、卡那霉素等高度敏感。

2. 流行特点

本病为人畜共患传染病，各种家畜、野生动物及人对本病都有不同程度的易感性。草食动物最易感，其次是杂食动物，再次是肉食动物。人也易感，家禽一般不感染。患病动物和动物尸体以及污染的土壤、草地、水、饲料等都是本病的主要传染源，炭疽芽孢对环境具有很强的抵抗力，其污染的土壤、水源及场地均可形成持久的疫源地。本病主要经消化道感染，也可以经呼吸道和皮肤感染。

炭疽病几乎遍及世界各地，呈散发或地方性流行。四季均可发生，但多发生在吸血昆虫多、雨水多、洪水泛滥的季节。

3. 症状

自然感染的潜伏期为3~5天，最长可达14天。

本病主要呈急性发作，多数表现为突然死亡，有的晚上还健康如常，次日早晨就发现死亡。病程稍长的羊在放牧时，易掉队，行走摇摆，不爱吃草，喜卧，呼吸困难，病程持续数小时后死亡。

4. 病变

死亡羊可视黏膜发绀，天然孔出血，血液呈暗紫红色，凝固不良，黏稠似煤焦油状。皮下、肌间、咽喉等部位有浆液性渗血。淋巴结肿大、充血，切面潮红。脾脏高度肿胀，脾髓呈黑紫色。

5. 诊断

根据流行病学和典型症状进行初步诊断，确诊则需要实验室病原学诊断，且必须在相应级别的生物安全实验室进行。

6. 防治

对发生过炭疽的羊场或牧场，要加强平时的综合防疫措施，每年定期开展免疫接种。如果发现有患病或者疑似患病的羊，应立即向当地动物防疫监督机构报告。当地动物防疫监督机构接到报告后，及时派人到现场进行流行病学调查和临床检查，采集病料送符合规定的实验室诊断，并立即隔离疑似患病动物及同群动物，限制移动。对病死羊尸体，严禁进行开放式解剖检查，采样时必须按规定进行。对疫区内的所有易感动物进行紧急免疫接种，做好消毒措施。对尸体和污染物进行无害化处理。

7. 公共卫生

人因接触病畜及其产品，或食用病畜的肉类而发生感染。临床上主要表现为皮肤坏死、溃疡、焦痂，周围组织广泛水肿，以及出现毒血症症状。若治疗贻误，可因循环衰竭而死亡。如果病原菌进入血液，可以产生败血症，并继发肺炎及脑膜炎。有的形成皮肤炭疽，疗程长，长期治疗效果不好。人若感染炭疽，应及时将对症治疗、局部治疗、病原治疗相结合。

六、气肿疽

气肿疽又称黑腿病或鸣疽，是一种由气肿疽梭菌引起的反刍动物的急性、败血性传染病。其特征是局部骨骼肌的出血坏死性炎症、皮下和肌间结缔组织的出血性炎症，并会在其中产生气体，压之有捻发音，严重者常伴有跛行。

1. 病原

气肿疽梭菌，周身鞭毛能运动，在体外形成芽孢，属于专性厌氧菌。芽孢的抵抗力极强，在土壤中可以存活 3 年以上，可耐受 20 min 煮沸，在盐腌肌肉中可以存活 2 年以上，在腐败肌肉中可以存活6 个月。氢氧化钠、漂白粉、升汞等对其有很好的消毒作用。

2. 流行特点

传染的途径主要是伤口和消化道。低湿的牧场、洪水所淹的地区、病畜尸体污染的疫区，均易发生此病。

（1）伤口感染

如果皮肤及黏膜有创伤，芽孢会侵入伤口而进入体内。但此菌是严格厌氧菌，故创伤必须深穿到皮肤或黏膜以下，细菌才能发育而引起发病。通常绵羊是由于剪毛、断尾及去势伤，生殖道创伤，头部创伤等深度伤口而感染此病。

（2）消化道感染

羊只吃喝了含有芽孢的水、饲料，如果羊的胃肠壁有损伤，就会造成感染。

3. 症状

潜伏期通常为 1~5 天。病羊体温增高，食欲减退或完全停止进食，口角流出含有泡沫的唾涎。肿胀部热而疼痛，其中含有气体，故当用手指触压时，可以听到捻发音；叩诊时，发出轻轻的鼓响音。

4. 病变

发病部位皮肤变硬，色黑，部分腐烂。切开病灶时，皮下组织有红色或黄色的胶冻样渗出物，混杂有血点和气泡。下边的肌肉变成暗红色或黑色，从内可以挤出污红色的酸臭液体，内含多量气泡。病变部位淋巴结肿胀，有液体浸润及出血点。淋巴管肿胀，内含淋巴液和气体。胸、腹腔里常含有容量不等的红色液体。也可见到很多内脏器官出现出血、肿胀、有气泡等。

5. 诊断

因为气肿疽的症状及剖检变化特殊，很容易辨认，确认可做病原毒素鉴定。

6. 防治

（1）预防

1）因该病主要由伤口传染，故注意伤口的及时消毒和治疗。

2）在常发病的区域及其周围，每年用气肿疽疫苗进行预防注射。

3）在污染的牧场及低湿地区，不宜放牧羊只。

4）对病羊尸体应严加深埋，严禁剥皮和吃肉。病羊所在的圈舍、场地以及用具等，必须严格消毒。对污染的饲料、粪便和垫草等，都应全部烧毁。

（2）治疗

在发病的初期，皮下或静脉注射抗气肿疽血清有良好效果。磺胺类药物及青霉素、土霉素等抗生素都有很好的疗效。若能将抗生素与抗气肿疽血清同时应用，效果更好。可以在肿胀部位周围的皮下或肌肉，分点注射1%~2%高锰酸钾溶液或0.1%甲醛溶液。严禁随意切开或划破肿胀处。根据病情变化，随时进行对症治疗。

七、梭菌性疾病

梭菌性疾病是由梭状芽孢杆菌属所致的一类传染病，包括羊快疫、羊猝疽、羊肠毒血症、羊黑疫、羔羊痢疾等病，可对养羊业造成比较大的危害。

1. 羊快疫

羊快疫是主要发生于绵羊的一种急性传染病。其特征是突然发病，病程极短，几乎看不到症状即死亡；胃肠道呈出血性、溃疡性炎症变化。

（1）病原

羊快疫的病原为腐败梭菌，不形成荚膜，在动物体内外均能产生芽孢。用病羊肝被膜做触片，经染色、镜检呈单一或两三个相连的粗大杆菌，有的形成芽孢，有的呈无关节的长丝状形态，这是腐败梭菌最突出的特征，具有重要的诊断意义。

腐败梭菌芽孢抵抗力强，一般的消毒药很难将其杀死，需要用20%漂白粉或3%~5%氢氧化钠溶液等将芽孢杀灭。

（2）流行特点

绵羊对羊快疫最易感，多发生于6~18个月的营养良好的羊，一般经消化道感染。山羊也可以感染此病。腐败梭菌常以芽孢形式分布于低洼草地、沼泽地等，羊的消化道平时也有这种细菌存在，但并不发病。当存在不良的外界诱因，特别是在秋、冬和初春气候骤变，出现阴雨连绵的天气，羊受寒感冒或采食了冰冻带霜的草料，抵抗力减弱时，腐败梭菌会大量繁殖，产生大量毒素，使消化道特别是真胃黏膜发生坏死和炎症，同时经血液循环进入体内，刺激中枢神经系统，引起急性休克，使病羊迅速死亡。

（3）症状

病羊往往来不及出现明显症状就突然死亡。有的病羊离群不愿走动，喜卧，虚弱，运动失调，腹胀疼痛，昏迷，几分钟到几个小时内死亡。

（4）病变

真胃出血性炎症变化显著，真胃黏膜常有大小不等的出血斑块，黏膜表面发生坏死等。

（5）诊断

死前病程短，比较难确诊，必须根据病因、症状和实验室微生物学检测等方法综合判定。

（6）预防

本病病程短，病羊往往来不及治疗就已死亡。平时加强预防工作，减少不良的外界诱因，加强饲养管理。常发地区可定期注射羊快疫、羊猝疽、羊肠毒血症三联苗或羊快疫、羊猝疽、羊肠毒血症、羊黑疫、羔羊痢疾五联苗。

2. 羊猝疽

羊猝疽是羊所患的一种急性死亡传染病，其特征为急性死亡、肠炎、腹膜炎。

（1）病原

羊猝疽的病原为 C 型产气荚膜梭菌（旧称魏氏梭菌），产 β 主要毒素和 α 次要毒素。本菌可以在 10%血琼脂培养基进行厌氧培养。

（2）流行特点

本病发生于成年绵羊，以 1~2 岁绵羊发病较多。多发生于冬、春季节。常呈地方流行性特征。

（3）症状

病程短促，常未见到症状即突然死亡。有时发现病羊掉群、卧地，表现不安、虚弱，痉挛、眼球突出，在数小时内死亡。

（4）病变

病变主要见于消化道和循环系统。十二指肠和空肠黏膜严重充血、糜烂，有的区段可见大小不等的溃疡。胸腔、腹腔和心包大量积液，可形成纤维素絮块。浆膜上有小出血点。肌肉出血，有气性裂孔。

（5）诊断

从体腔渗出液、脾脏取样进行 C 型产气荚膜梭菌的分离和鉴定，可用小肠内容物的离心上清液静脉接种小鼠，检测有无 β 毒素。

（6）预防

由于本病的病程短促，病羊往往来不及治疗即死亡，因此，必须加强平时的防疫措施。发生本病时，将病羊隔离，对病程较长的病例实行对症治疗。当病情严重时，转移牧地，可减少或终止发病。常发地区可以定期注射羊三联苗或羊五联苗。

3. 羊肠毒血症

羊肠毒血症主要是绵羊的一种急性毒血症，又称软肾病。本病在临床症状上类似羊快疫，故又称类快疫。

（1）病原

D 型产气荚膜梭菌在羊肠道中大量繁殖产生毒素而引发本病。D 型产气荚膜梭菌广泛存在于土壤、粪便和消化道中，寒冷、饲养不当时可诱发本病。

（2）流行特点

雨季、气温骤变、过食嫩草、偷吃精料、运动不足等均为诱因。D 型产气荚膜梭菌为土壤常在菌，也存在于污水中。在正常情况下不引起发病。在春末夏秋季节从干草改吃大量谷类或青嫩多汁和富有蛋白质的草料之后，病原菌在肠道内大量繁殖，产生大量毒素，引起羊肠毒血症。

本病多呈散发性，绵羊发生较多，山羊较少。2~12 月龄羊最易发病。发病的羊多为膘情较好的羊。

（3）症状

本病的特点为突然发作后死亡，很少能见到症状。发作症状可以分为两种类型：一类以搐搦为特征，另一类以昏迷和静静地死去为特征。前者发病时或呆或卧或跑，咬牙，侧身倒地，四肢抽搐痉挛，头颈向后弯曲，呼吸急促，口吐白沫，有时发出痛苦的呻吟，多于 12 h 内死亡。

（4）病变

病变常限于消化道、呼吸道和心血管系统。真胃含有未消化的饲料。回肠呈急性出血性炎性变化，心包常扩大，内含灰黄色液体和纤维素絮块，左心室的心内膜有小出血点，肺脏出血和水肿，胸腺常发生出血，肾脏比平时更易于软化。

（5）诊断

根据流行病学和典型症状进行初步诊断，确诊须依靠实验室检验。

（6）防治

常发地区定期注射羊三联苗或羊五联苗。可以用磺胺类药物、青霉素及时治疗。

4. 羊黑疫

羊黑疫又名传染性坏死性肝炎，是绵羊和山羊均可患的一种急性高度致死性毒血症，特征是肝脏实质坏死。

（1）病原

羊黑疫病原为诺维氏梭菌，是严格厌氧菌，能形成芽孢，不产生荚膜，有鞭毛，能运动。

（2）流行特点

1 岁以上的绵羊易感，以 2~4 岁的绵羊感染最多。发病羊多为营养较好的肥胖羊只，山羊也可以感染。本病的发生与肝片吸虫的感染有密切关系，主要发生于肝片吸虫流行的低洼潮湿地区，以春、夏季多发。诺维氏梭菌广泛存在于土壤中。

（3）症状

发病急，绝大多数情况是未见症状而突然死亡。少数病例病程稍长，可以拖延 1~2 天。病羊表现为掉群，不食，呼吸困难，体温升高，呈昏睡状后突然死去。

（4）病变

病羊尸体皮下静脉显著充血，其皮肤呈暗黑色。胸部皮下组织经常水肿。浆膜腔有液体渗出，暴露于空气中易于凝固，液体常呈黄色，腹腔液略带血色。真胃幽门部与小肠充血和出血。左心室心内膜下常出血。肝脏充血肿胀，从表面可以看到或摸到一个到多个的坏死灶，直径可达 2~3 cm，切面成半圆形。坏死灶的界限清晰，灰黄色，呈不整圆形，周围常有一鲜红色的充血带围绕。

（5）诊断

在肝片吸虫流行的地区发现急死或昏睡状态下死亡的病羊，剖检见特殊的肝脏坏死变化，有助于诊断。必要时可做细菌学检验和毒素鉴定。

（6）防治

预防此病首先在于控制肝片吸虫的感染。特异性免疫可用羊黑疫、羊快疫二联苗或厌氧菌七联干粉苗进行预防接种。发生本病时，应将羊群移于高燥地区。对病羊可以用抗诺维氏梭菌血清治疗。

5. 羔羊痢疾

羔羊痢疾是发生于初生羔羊的一种急性毒血症，以剧烈腹泻和小肠发生溃疡为特征。该病常使羔羊发生大批死亡，给养羊业带来重大损失。

（1）病原

羔羊痢疾病原为 B 型产气荚膜梭菌，广泛存在于土壤、粪便和消化道中。

（2）流行特点

细菌可通过吸吮乳汁、中间媒介（如饲养员手等），进入羔羊消化道。在一些不良诱因下，当羔羊抵抗力下降时，细菌大量繁殖，产生毒素，引起本病。

本病主要危害 7 日龄以内的羔羊，其中又以 2~3 日龄的发病最多，7 日龄以上的很少患病。传染途径主要是通过消化道，也可能通过脐带或创伤感染。

（3）症状

自然感染的潜伏期为 1~2 天，病初精神委顿，低头拱背，不想吃奶；不久就发生腹泻，粪便恶臭，有的稠如面糊，有的稀薄如水；到了后期，有的还含有血液，直到成为血便。病羔逐渐虚弱，卧地不起。若不及时治疗，常在 1~2 天内死亡。

有的羔羊以神经症状为主，四肢瘫软，卧地不起，呼吸急促，口吐白沫，最后昏迷，常在数小时到十几小时内死亡。

（4）病变

尸体脱水现象严重，最显著的病理变化是在消化道：第四胃内往往存在未消化的凝乳块；小肠（特别是回肠）黏膜充血发红，溃疡周围有一充血带环绕；有的肠内容物呈血色。肠系膜淋巴结肿胀充血。心包积液，心内膜有时有出血点。肺常有充血区域或瘀斑。

（5）诊断

在本病常发地区，依据流行病学、临床症状和病理变化，一般可以作出初步诊断。确诊须进行实验室检查，以鉴定病原菌及其毒素。

（6）防治

本病发病因素复杂，必须综合实施抓膘保暖、合理哺乳、消毒隔离、预防接种和药物防治等措施才能有效地予以防治。

每年秋季对妊娠母羊注射羔羊痢疾苗或厌氧菌七联干粉苗，产前 2~3 周再接种一次。羔羊出生后 12 h 内，灌服土霉素 0.15~0.2 g，每日 1 次，连续灌服 3 天，有一定的预防效果。治疗羔羊痢疾，可以选用土霉素，或再加胃蛋白酶加水灌服，也可以用磺胺类药物等。在选用上述药物的同时，还应针对其他症状进行对症治疗。

模块 3　羊的常见寄生虫病防治技术

寄生虫病是羊经常发生的一种慢性病，具有较长的潜伏期，非常容易被忽视。羊感染寄生虫病后，会导致营养不良、贫血、机体消瘦等。同时，还会损伤内脏，影响机能，导致生产性能降低，甚至发生死亡。

一、寄生虫病概述

1. 寄生虫病的危害

(1) 给养羊业造成较大经济损失

造成羊只死亡，生产性能降低，影响生长发育和繁殖，导致动物产品的废弃等。

1) 吸取血液。部分寄生虫的生存需要吸取羊的血液，如血虱、捻转血矛线虫、蜱等。

2) 夺取营养。寄生在羊消化道内的多种寄生虫，从消化好的食糜中获取所需营养，从而导致羊缺乏营养，影响生长发育，令机体消瘦。

3) 机械损伤。以羊组织为食的寄生虫，如仰口线虫等，能导致羊的肠黏膜发生损伤。部分寄生虫在幼虫发育阶段可以在羊体内移动，并不断蜕变，如肝片吸虫、蛔虫等，在这个过程中就会损伤羊的血管和组织。部分寄生虫还能够大量寄生在腔管中，从而堵塞肠道、胰管、胆道、淋巴管及支气管等，进而引起组织器官发生质变。

4) 毒素作用。羊体内多种寄生虫所产生的代谢产物或者其自身所含物质都对机体有毒害作用，可导致体温升高、血尿、黄疸等。

部分寄生虫能够携带原虫、病毒或细菌，如体外寄生的蜱，从而可能传播某些血液原虫病，如鞭虫病、泰勒氏焦虫病、巴贝斯虫病等。

（2）人畜共患寄生虫病影响人类健康

有些血液原虫，如日本分体吸虫病、弓形虫病等都是对人类危害较大的人畜共患寄生虫病。防治寄生虫病，不仅能保护羊的健康，在公共卫生方面也有重要的意义。

2. 寄生虫病的主要分类

羊的寄生虫病种类繁多，最常见的有蠕虫病（吸虫、绦虫、线虫）、体外寄生虫病（蜱、螨、虱、羊狂蝇）和原虫病（鞭毛虫、梨形虫、孢子虫）等。

二、体内寄生虫病防治技术

每年对羊实施两次驱虫：第一次春季驱虫应在成虫期前进行，第二次冬季驱虫应在感染后期进行（羊绦虫病在虫体未成熟前驱虫，羊消化道线虫病在幼虫感染高峰期进行，而羊狂蝇蛆病应在幼虫滞育前驱治）。

1. 体内寄生虫驱虫

（1）分组喂药，要先做小范围试验后，再进行大群操作。以5~7只羊一组为宜，分组饲喂添药的精料，防止一部分羊吃得太多，另一部分羊吃得太少，每组给料要均匀。

（2）准确掌握常用药物和浓度、剂量，防止中毒。

（3）喂药时间，在早晨空腹时给药，3 h后方可饮水、吃草。

（4）对感染严重的羊个体进行单独治疗，单独用药，以保证疗效。

（5）及时收集添加驱虫药当天和第二天的羊粪，堆集发酵，消灭中间宿主。驱虫后要保持羊舍和运动场的干燥、卫生，给羊饮用干净的流水和井水。

2. 驱虫注意事项

（1）驱虫药要不断更换，防止形成抗药性，影响效果。

（2）驱虫药要搭配使用。如驱除消化道线虫时，先使用阿苯达唑，间隔两周后，再用伊维菌素，两种药搭配使用，驱虫效果更好。

（3）每次使用应保证足够的药量和浓度，以达到较强的驱虫效果。

（4）实施草场轮牧，保持牧场清洁净化。可以采用牧场生物学的自行杀虫法，实行定期轮牧，使侵袭性虫卵和幼虫较长时间不能进入羊体内，从而在外界自行死亡。

三、体外寄生虫病防治技术

防治体外寄生虫，可以采用池浴、缸浴和淋浴等方式。一年进行春、秋两次药浴，第一次在春季剪毛后7~10天进行，第二次于深秋进行。注意整群全驱，全浴，不漏驱（浴）分散羊。驱除体外寄生虫，也可以在每年春、秋两季，皮下注射阿维菌素注射液或在饲料中添加阿维菌素预混剂。

四、脑包虫病防治

脑包虫病是由多头绦虫的幼虫寄生于受体脑和脊髓所引起的疾病。脑包虫病是羊常见的一种寄生虫病，主要侵害羊（特别是2岁以内的羊），终末宿主是犬、狼等肉食动物。

1. 病原

多头绦虫的孕节随肉食动物粪便排出体外，被羊吃入后六钩蚴在小肠内逸出，钻入肠壁血管，随血流到脑或脊髓等处。2~3个月后发育成多头蚴。终末宿主犬、狼等吃到病脑或脊髓等而感染，成虫可在犬的小肠内生存6~8个月，其间随粪便排出多头绦虫的孕节。

2. 症状

临床症状主要取决于虫体的寄生部位。有的患羊运动和姿势异常，反应迟钝，患侧不断地做圆圈运动，虫体越大，转圈越小；有的遇到障碍物时，奋力前冲抵物不动，两眼视力模糊，其眼内瞳孔上附有一层白膜；有的头部抵于胸前，向前作直线运动，行走时高抬前肢或向前方猛冲，遇到障碍物时倒地或静立不动。虫体寄生在小脑，则患羊运动失去平衡，行走时出现急促或蹒跚步态；虫体寄生于脑后部，则患羊表现为角弓反张，行走后退，卧地不起，全身痉挛，四肢呈游泳状；虫体寄生于脊髓时，患羊后驱无力、麻痹，呈犬坐姿势。

3. 防治

（1）预防

避免犬吃到带有多头蚴的羊头或脊髓；牧羊犬定期驱虫；避免犬粪便污染羊的饲料、饮水等。

（2）治疗

正确确定虫体位置，如寄生在大脑表层可行外科手术摘除。

模块 4　羊的常见普通病防治技术

一、感冒

感冒的特征是体温升高，咳嗽，流鼻涕。

1. 病因

寒冷或遭雨淋等都可以引起感冒。

2. 症状

精神沉郁，食欲减退，体温升高 40~41 ℃，四肢无力发抖、耳尖发冷、毛粗乱，伴有咳嗽、流鼻涕。如果不及时治疗，羔羊易继发支气管肺炎。

3. 防治

（1）预防

寒冷季节或雨雪天气做好保温工作，防止冷风侵袭。

（2）治疗

复方氨基比林配青霉素肌肉注射，连用 3 天，也可以用安乃近治疗。为防止羔羊继发支气管肺炎，可以配合抗菌药、磺胺类药物等同时治疗。也可以用中草药混合煎汁灌服。

二、支气管肺炎

支气管肺炎又称小叶性肺炎，是细支气管与个别肺小叶或小叶群肺泡的炎症。

1. 病因

支气管炎症或感冒没能及时治疗，可以继发支气管肺炎。寒冷、长途运输、气候突然变化、吸入异物或灌服药物误入肺部，均可引起支气管肺炎。

2. 症状

由于寒冷或感冒引起支气管肺炎，表现为精神沉郁，食欲减退，体温升高到 40 ℃以上，咳嗽、肋部急速起伏、呼吸音粗、气喘、呼吸困难等病状。如不及时治疗，可以造成死亡。

3. 防治

（1）预防

要防寒防潮，做好保温工作，适当通风，控制湿度，尽量避免应激因素。避免羊吸入异物，灌药时防止药液进入肺部。

（2）治疗

注射磺胺嘧啶钠或青霉素、链霉素加地塞米松肌肉注射；卡那霉素加地塞米松肌肉注射；使用柴胡注射液或复方氨基比林注射液。同时对症治疗，如体温高，可肌肉注射安乃近或安痛定；镇咳祛痰，可用氯化铵、杏仁水等。

三、腹泻（消化不良）

1. 病因

羊腹泻可以由多种原因引起。消化不良、着凉，饲喂发霉或变质，某些传染病、寄生虫病都可以引起腹泻。

消化不良引起的腹泻多见于羔羊，15 日龄以内的羔羊尤其严重，成年羊发病相对少见且症状轻微或一过性。常因吃奶不规律、饥饱不均、奶温过低、突然更换饲料、潮湿、气候骤变等原因发生。

2. 症状

本病表现为采食量减少、被毛粗糙、后期体温下降、水泻、粪便呈黄灰色，患病后应及时治疗。

3. 防治

（1）预防

1）加强饲养管理，母羊营养好、奶水足，羔羊抗病能力会比较强。对小羊定时、定量饲喂，少喂勤添，避免伤食。

2）定期消毒，勤换垫草，及时清除粪便，供足饮水，保持羊舍干燥、清洁。

3）适时户外放牧，让小羊接受阳光照射，增加活动量，增强体质。寒流和霜冻天气注意保温，以免小羊受风寒或采食有霜冻的草而发生腹泻。

（2）治疗

腹泻治疗的目的是清理肠胃、保护黏膜、止酵防腐、保护心脏、预防中毒和脱水。由于羔羊体质弱、病程短，腹泻后会很快死亡，因此准确诊断和及时治疗是关键。对于消化不良性的腹泻，应减少饲喂量。用药时以干酵母、胃蛋白酶、龙胆酊、稀盐酸等配合使用效果较好，也可以用健胃散。对腹泻严重、有脱水的羊，可以用葡萄糖盐水、碳酸氢钠静脉注射。

四、瘤胃臌气

瘤胃臌气俗称肚胀、气胀，其特点是瘤胃内容物过度发酵产气，导致瘤胃急剧扩张。

1. 病因

主要是因为短时间内采食了大量易发酵的豆科牧草、幼嫩的麦草、紫花苜蓿草以及带霜、带露水、冰冻或发霉变质的饲料，在瘤胃中发酵产生大量气体，造成瘤胃臌气。也可能是其他疾病继发瘤胃臌气，如食道阻塞、前胃弛缓、重瓣胃阻塞、慢性腹膜炎等。

2. 症状

在采食过程中或采食后急性发作，病羊烦躁不安，反刍停止，瘤胃膨胀，羊体左侧可见膨胀臌气，叩诊呈鼓音。严重时，腹部鼓胀压迫肺部，引起呼吸困难，脉搏细弱。有的羊站立不稳，倒地，口吐白沫，可视黏膜呈紫红色。若抢救不及时，很快窒息死亡。

3. 防治

（1）预防

加强饲养管理，防止豆科牧草采食过快、过量；不饲喂冰冻、发霉变质的饲料，不能突然更换饲喂方式或饲料。

（2）治疗

以“排气、制酵、泻下”为治疗原则，让羊站立和行走。灌服来苏尔、棕榈油或石蜡油。病情严重、呼吸困难时，可以先插入胃导管放气，配合用药。必要时也可以用套管针或大号针头将瘤胃穿刺放气。注意瘤胃穿刺放气时给羊左肷部剪毛消毒，用套管针或大号针头刺破皮肤，向前右侧肘部方向插入，缓慢放气。

五、胃肠炎

羊真胃和肠道黏膜及深层组织发生炎症，致使胃肠道运动和功能发生紊乱。

1. 病因

饲养管理不当，饲喂刺激性或有毒食物，冰冻、变质饲料等而发病。有些患前胃疾病、传染病或寄生虫病时也可以继发感染。

2. 症状

消化功能紊乱，食欲不振，反刍停止，体温升高。肠音初期增强，后期减弱、消失，腹痛，腹泻（下痢），粪便稀软或成水样。严重时会导致脱水和毒血症，病羊消瘦，脉搏微弱，昏睡，最后抽搐死亡。

3. 治疗

停食，补充电解质溶液（口服盐水）。消炎可以选用氯霉素、土霉素、庆大霉素等。脱水严重时可用生理盐水或葡萄糖溶液补液。细菌性腹泻用革兰氏阴性菌抗生素、广谱抗生素或磺胺类药物治疗。由蠕虫或球虫引起的腹泻，控制症状并驱虫。

六、异食癖

异食癖是指羊特别喜欢吃一些不属于正常饲料范围内的物质，此病在绵羊和山羊中均可见到，容易发生于过度放牧地区和长期干旱时期。其特征是喜欢舔食墙土、嗜毛，吞食骨块、土块、瓦砾、木片、粪便、破布、煤渣等。近年来，随着塑料袋和塑料薄膜的广泛使用，造成废弃塑料污染，又为羊的异食物增加了新的内容。

异食癖多发生于舍饲羊，由于食毛或塑料过多，引起胃肠道梗阻而死亡。

1. 病因

该病与缺乏营养物质有关。牧草不足，缺乏维生素、微量元素和蛋白质，易造成消化功能和代谢的紊乱，导致羊的味觉异常而发生异食癖。

2. 症状

（1）啃骨症

啃骨羊的食欲极差，身体消瘦，眼球下陷，被毛粗糙，精神不振。放牧时，常有意吞食骨块或木片等异物，如果被干预，则到处逃跑，不愿舍去。持续时间长时，产乳量大为下降，羊极度贫血，终至死亡。

（2）食塑料薄膜症

当食入量少时，无明显症状；如果食入量大，塑料薄膜容易在瘤胃中相互缠结，形成大的团块，发生阻塞。表现为离群孤处，低头拱腰，有时回顾腹部。进一步发展时，表现出食欲废绝，反刍停止，可视黏膜苍白，心跳增速，呼吸加快，显著消瘦至心力衰竭。病程可达 2~3 个月。

（3）嗜毛症

初期，羔羊啃食母羊被毛。当毛球形成异物团块，可使真胃和肠道阻塞，羔羊出现消化不良、便秘、腹痛和胃肠臌气，严重时消瘦贫血，甚至死亡。

3. 防治

主要是改善饲养管理，供给多样化的饲料，尤其要重视供给蛋白质和补充维生素、微量元素，如鱼粉、骨粉、食盐、盐砖等。对于因吞食塑料薄膜、毛球等引起的消化不良，可多次给予健胃药物，促使瘤胃蠕动；或用盐类泻剂，促进排出塑料及长期滞留在胃肠道内腐败的有害物质。如治疗无效，可以施行瘤胃切开术，去除积留的塑料团块或毛团。

七、中暑

羊因散热困难，使体内蓄积热量而发生本病。

1. 病因

主要是由于夏季气温过高、天气焖热和通风不畅，拥挤，长途运输，烈日下放牧等原因造成。

2. 症状

病羊精神倦怠，头部发热，出汗；步态不稳，四肢发抖，心跳加快，呼吸困难；鼻孔扩张，黏膜充血，眼结膜变蓝紫色，瞳孔最初扩大，后来收缩；全身震颤，体温升高到40~42 ℃，严重的昏倒在地，如果不及时治疗，则迅速死亡。

3. 防治

（1）预防

圈舍通风要良好，避免环境过热。夏天避免或缩短阳光直射下的放牧。及时供给大量清洁饮水，适当补给食盐。尽量避免在炎热的夏天长途运输羊只。

（2）治疗

羊一旦发生中暑，应迅速移至阴凉通风处，并用凉水浇淋头部散热或用冷水灌肠散热；如果条件允许，应将病羊驱赶至就近的水中，使羊体散热至常温为止。也可以根据羊的大小及营养状况给予适当静脉放血，同时静脉注射生理盐水或糖盐水；当羊焦躁不安时，可以肌肉注射氯丙嗪或内服巴比妥；当羊心脏衰弱时用强心剂，肌肉注射20%的安钠咖；也可以选用安乃近等退热药物或内服清凉性健胃药。

八、佝偻病

本病是由钙、磷代谢障碍及维生素 D 缺乏而引起的幼畜疾病，以消化紊乱、异嗜癖、跛行、骨骼变形为特征。

1. 病因

饲料中钙、磷及维生素 D 中任何一种的含量不足，或钙、磷比例失调，都会影响羊骨骼的发育。先天性佝偻病，是由于妊娠母羊矿物质（钙、磷）或维生素 D 缺乏，影响了胎儿骨组织的正常发育。

2. 症状

有异食癖症状，生长缓慢，不愿走动。病情持续发展时，则前肢一侧或两侧发生跛行。长骨变形，出现 O 形腿，触诊有痛感。

3. 防治

（1）预防

科学饲养，加强妊娠母羊营养。改善饲养，关键在于保证羔羊日粮中钙和磷含量的平衡。增加运动和日照时间，促使其自身合成维生素 D。

（2）治疗

补充维生素 D 和钙制剂。补给富含维生素 D 的鱼肝油，注射维生素 AD 注射液、葡萄糖酸钙等都有疗效。

九、中毒性疾病

1. 有机磷中毒

由于羊接触、吸入或食入某种有机磷制剂而引起的中毒，主要以流涎、腹泻和肌肉强制性痉挛为特征。

（1）病因

有机磷制剂种类多，多具有脂溶性，可以经皮肤渗入体内，经消化道、呼吸道也能很快被吸收。所以，中毒经常发生于羊采食被有机磷农药或有机磷杀虫剂喷洒过的青草、农作物或者水等，也可能是由于防治羊体外寄生虫时用药剂量过大或使用不当等所导致的。

（2）症状

由于有机磷制剂的种类比较多，病羊的症状也有所不同。病羊表现不安，采食量逐渐变小，反刍停止，流涎，流泪，小便失禁，腹泻，流口水，呼吸急促，体温一般正常。起初全身发抖，痉挛，直至倒地，嗜睡，因呼吸肌麻痹而窒息死亡。

（3）防治

1）预防。严格农药管理，勿使羊在喷洒过农药的地方停留，也不可以用搅拌过农药的器具搅拌羊的饲料及饮水等。

2）治疗。一旦发现有机磷中毒，应马上进行解毒。食用盐类泻剂，尽快清除羊胃内毒物。常用的特效解毒剂有阿托品、解磷定等，应根据症状对症下药。

2. 霉变饲料中毒

（1）病因

羊采食发霉变质的饲料，霉菌产生毒素导致中毒。引起中毒的霉菌主要有黄曲霉素、棕曲霉素、黄绿青霉素、红色青霉素等。

（2）症状

轻微中毒的羊精神沉郁，停食，后肢无力，腹泻，并伴随轻微的腹痛，走路摇晃，肌肉震颤；中毒严重时，会导致妊娠母羊流产以及胎儿死亡，腹痛腹泻，有神经症状，四肢瘫痪或者死亡。

（3）防治

1）预防。严禁饲喂发霉变质的饲料，加强饲料的看管，经常进行检测和晾晒，防止霉变。饲料库也要定期进行消毒，保证通风换气。

2）治疗。对于中毒的羊，若症状轻微，可以停止喂养霉变饲料，不用施药；中度中毒的羊，内服泻剂，可以用石蜡油或植物油，以排出毒素，然后用淀粉、木炭末或鞣酸等保护胃肠黏膜；严重的羊，需要补强心液，可以用安钠咖等；有神经症状的加镇静剂，可以用氯丙嗪等。

3. 尿素中毒

尿素除了可作为肥料外，也可以作为羊的蛋白质饲料。在正常情况下，羊瘤胃能有效利用尿素中的氨以形成菌体蛋白。但如果羊过量食用尿素添加剂或误食大量尿素，在瘤胃内脲酶的作用下分解，会释放出大量的二氧化碳和氨而导致中毒。

（1）病因

喂羊时尿素添加过量，浓度过高，混合不均，饲喂方法不当或者食用后马上饮水等。

（2）症状

发病快，病羊表现不安，呼吸急促，呼气时有氨味，口流泡沫性唾液；瘤胃急性臌胀，四肢软弱无力，倒地，大小便失禁；全身肌肉痉挛，眼球震颤，瞳孔放大，最后死亡。

（3）防治

1）预防。对尿素添加剂和化肥实施严格的保管、使用制度，根据饲养标准推荐量，合理使用尿素添加剂。注意不可让羊食用大量的尿素添加剂或者化肥，也不可把含有尿素添加剂的饲料放入水中饲喂。

2）治疗。一旦发现羊尿素中毒后，初期可以灌服食醋或稀醋酸，若加上糖用水灌服效果更好。也可以静脉注射葡萄糖酸钙、葡萄糖或硫代硫酸钠等，镇静解毒效果良好。

十、疝气

疝气是腹部内脏从天然孔或病理性破裂孔脱出至皮下或其他腔孔的一种疾病。常见的有脐疝和腹股沟阴囊疝。

1. 病因

脐孔或腹股沟管开口过大等先天性缺损，或斗殴、打击、跳跃、分娩努责等所引起的病理性缺损，使腹部的内脏脱出。

2. 症状

（1）脐疝

常见于羔羊，多为先天性的脐孔闭合不全或腹壁发育有缺陷。在腹部下方的稍后方有一明显可见的呈半圆形的触之柔软、没有痛感且易压回的肿胀物，其中多为小肠及其肠系膜，大小不等，小者如核桃大，大者可至拳头大。将内容物复位之后，可触及疝孔的状态。

（2）腹股沟阴囊疝

腹股沟阴囊疝是腹股沟管先天性扩大，肠管下坠至阴囊内。一侧或两侧阴囊明显增大，大小不一，阴囊皮肤紧致发亮，捕捉或腹压增大时，症状加重。触诊阴囊柔软，无热、痛等炎性反应。提举两后肢并挤压增大的阴囊，可以使内容物还纳腹腔中，肿胀的阴囊缩小到自然状态，但有些由于肠壁与阴囊壁发生粘连而不能还纳。

3. 治疗

脐疝和腹股沟阴囊疝，可以通过手术疗法送回腹腔内。如果肠壁与阴囊壁粘连，小心将粘连处进行剥离，封闭疝孔，将多余的阴囊壁及皮肤做对称切除，缝合手术创口。

十一、羔羊锁肛

1. 病因

锁肛是一种先天性畸形，肛门被皮肤所封闭，直肠末端形成盲囊，或结肠一部分闭锁，或缺乏一段肠管，均属隐性基因遗传所致，偶见于羔羊。

2. 症状

羔羊因排不出胎粪而表现不安和努责。1～2 天后精神不振，食欲减退，腹部膨胀，听诊肠音减弱；无肛门，肛门部皮肤有直径约

0.6 cm 的无毛区，努责时肛门处皮肤明显突出，隔着皮肤可摸到胎粪。仔细观察此处皮肤有抽缩运动，有时向外突出，触摸较硬；有时向内凹陷，排粪时呻吟。

3. 防治

（1）治疗

采用人造肛门手术治疗，手术中要检查肛门括约肌是否健全，不健全者要手术制造，可以用肠衣线褶状缝合，无须拆线，效果更好。其他闭锁畸形无治疗意义。

（2）术后护理

加强饲养管理工作，保持术部清洁，对病羊进行隔离，单独护理，吃奶时进行人为控制，做到少量多次。为防止术后感染，每天肌注青链霉素合剂。

培训建议

一、培训目标

通过培训，培训对象可以在农牧区养羊及现代羊场从事饲养员、繁育员及羊病防治员等岗位工作。

1. 理论知识培训目标

（1）了解养羊工应具备的职业道德和岗位职责。

（2）了解羊的品种及特征。

（3）了解羊的体尺测量和外貌鉴定。

（4）掌握羊的日常管理。

（5）熟悉羊不同生产阶段的饲养技术。

（6）掌握羊的育肥技术。

（7）熟悉羊的繁殖技术。

（8）熟悉羊的饲料加工调制技术。

（9）掌握羊的疾病防治。

2. 操作技能培训目标

（1）会识别羊的不同品种。

（2）了解羊日粮的配制技术。

（3）掌握羊的日常管理及不同生产阶段的饲养管理。

（4）熟悉羊的配种和接羔技术。

（5）熟悉羊的饲料加工调制。

（6）能处理羊的常见疾病。

二、培训课时安排

总课时数：64 课时。

理论知识课时：32 课时。

操作技能课时：32 课时。

具体培训课时分配见下表。

培训内容	理论知识课时	操作技能课时	总课时	培训建议
第 1 单元　岗位认知	**2**		**2**	重点：职业道德的基本要求；岗位职责的主要内容 难点：如何按照合格养羊工的标准要求自己 建议：职业道德的基本要求，以结合实例讲解为佳，可以运用启发式和讨论式的教学模式
模块 1　养羊工职业道德和岗位职责	1		1	
模块 2　养羊工基本素质要求	1		1	
第 2 单元　羊的品种识别	**4**	**2**	**6**	重点：国内外名、优、特绵羊、山羊的品种、外貌特征和生产性能 难点：根据外貌特征识别品种 建议：以电子图片与实际品种相结合讲解外貌特征和生产性能效果更佳
模块 1　我国主要绵羊、山羊品种	2	2	4	
模块 2　国外引进的主要绵羊、山羊品种	2		2	
第 3 单元　体尺测量和外貌鉴定	**2**	**4**	**6**	重点：羊的年龄判断；羊各部位名称；体尺测量 难点：计算羊的各体尺指标；羊毛品质鉴定 建议：先由教师示范操作，学员可以两人一组，练习、测量或鉴定。可以采用讨论式的教学模式
模块 1　体尺测量	2	2	4	
模块 2　外貌鉴定		2	2	

续表

培训内容	理论知识课时	操作技能课时	总课时	培训建议
第 4 单元　羊的饲养管理	**8**	**8**	**16**	重点：羊的日粮配制；根据羊的习性和营养需要改善饲养管理 难点：不同生产阶段的营养需求；羊的育肥技术 建议：以观看视频、分组讨论结合实例讲解为佳
模块 1　羊的日粮配制	2	2	4	
模块 2　放牧条件下羊的饲养管理	2		2	
模块 3　舍饲条件下羊的饲养管理	2		2	
模块 4　不同生产阶段的饲养管理	2	2	4	
模块 5　羊的育肥技术		2	2	
模块 6　羊的日常管理		2	2	
第 5 单元　羊的繁殖技术	**6**	**6**	**12**	重点：羊的人工授精；接产与护理 难点：羊的人工授精技术；妊娠诊断 建议：以实践操作为主，具体操作应先由教师示范，学员分组练习
模块 1　羊的繁殖与发情	4		4	
模块 2　羊的人工授精		4	4	
模块 3　羊的妊娠诊断、接产、助产与护理	2	2	4	

续表

<table>
<tr><th>培训内容</th><th>理论知识课时</th><th>操作技能课时</th><th>总课时</th><th>培训建议</th></tr>
<tr><td>第 6 单元　饲料加工调制</td><td>6</td><td>6</td><td>12</td><td rowspan="4">重点：饲料的加工调制；秸秆氨化技术
难点：饲料的存储；饲料品质鉴定
建议：理实一体化，到养羊现场进行教学效果更佳</td></tr>
<tr><td>模块 1　粗饲料的加工调制</td><td>2</td><td>2</td><td>4</td></tr>
<tr><td>模块 2　青贮饲料的加工制作</td><td>2</td><td>2</td><td>4</td></tr>
<tr><td>模块 3　秸秆的氨化与微贮</td><td>2</td><td>2</td><td>4</td></tr>
<tr><td>第 7 单元　疾病防治</td><td>4</td><td>6</td><td>10</td><td rowspan="5">重点：消毒方法；免疫接种；无害化处理；传染病、寄生虫病和普通病防治
难点：常见传染病防治
建议：结合视频、实例讲解效果更佳；有关治疗对策和采取措施等可以采用讨论式的教学模式</td></tr>
<tr><td>模块 1　羊场防疫技术</td><td>2</td><td></td><td>2</td></tr>
<tr><td>模块 2　羊的常见传染病防治技术</td><td></td><td>2</td><td>2</td></tr>
<tr><td>模块 3　羊的常见寄生虫病防治技术</td><td></td><td>2</td><td>2</td></tr>
<tr><td>模块 4　羊的常见普通病防治技术</td><td>2</td><td>2</td><td>4</td></tr>
<tr><td>合计</td><td>32</td><td>32</td><td>64</td><td></td></tr>
</table>